高等学校"十三五"规划教材

综合布线技术与实践教程

王 磊 黎镜锋 庄 焰◎主 编

束遵国 潘凯恩 帅志军◎副主编

中国铁道出版社有限公司

CHINA RAILWAY PUBLISHING HOUSE CO., LTD.

内 容 简 介

本书围绕着"综合布线系统"展开,从基础的理论知识到相关的操作技能,以及工程认证测试环节进行了详细的说明和介绍。

全书共分 9 章,主要内容包括综合布线系统概述,综合布线系统设计,铜缆解决方案及施工技术,光纤解决方案及施工技术,桥架、管线系统设计与安装,综合布线工程竣工验收,认证测试仪基本使用,综合布线系统工程认证测试,综合布线系统工程网络分析等。通过学习本书,读者可对综合布线系统中的各种施工技能有全面而深入的了解和掌握。

本书适合作为普通高等院校网络工程专业、计算机科学与技术专业、物联网工程专业的教材,也可作为高职院校计算机应用专业的教材,还可以作为综合布线工程技术人员的参考用书。

图书在版编目(CIP)数据

综合布线技术与实践教程/王磊,黎镜锋,庄焰主编.—2版.—北京:中国铁道出版社有限公司,2020.8(2024.12重印)
高等学校"十三五"规划教材
ISBN 978-7-113-26964-7

Ⅰ.①综… Ⅱ.①王… ②黎… ③庄… Ⅲ.①计算机网络-布线-高等学校-教材 Ⅳ.①TP393.033

中国版本图书馆 CIP 数据核字(2020)第 094852 号

书　　名:综合布线技术与实践教程
作　　者:王　磊　黎镜锋　庄　焰

策　　划:王春霞　　　　　　　　　编辑部电话:(010)63551006
责任编辑:王春霞　彭立辉
封面设计:刘　颖
责任校对:张玉华
责任印制:赵星辰

出版发行:中国铁道出版社有限公司(100054,北京市西城区右安门西街 8 号)
网　　址:https://www.tdpress.com/51eds
印　　刷:北京铭成印刷有限公司
版　　次:2014 年 1 月第 1 版　2020 年 8 月第 2 版　2024 年 12 月第 2 次印刷
开　　本:850 mm×1 168 mm　1/16　印张:16.25　字数:382 千
书　　号:ISBN 978-7-113-26964-7
定　　价:45.00 元

前　言

　　本书围绕"综合布线系统"而展开，从综合布线系统的基本定义、特点、标准等理论知识，到具体的综合布线工程中所涉及的相关实际操作技能，以及布线工程的相关测试与验收方法等均进行了详细的介绍，使读者能够由浅入深地了解整个综合布线系统的基本情况，并对综合布线系统中的各种施工技能有全面而深入的理解和掌握。

　　本书共分 9 章，其中第 1 章，主要介绍综合布线系统的基本定义、特点、发展历程、基本组成、布线标准、布线产品选型等理论知识；第 2 章主要介绍综合布线系统工程的设计工作，从前期的准备工作，到具体的工作区设计、水平干线子系统设计、管理间子系统设计、垂直干线子系统设计、设备间子系统设计、建筑群子系统设计，以及相关图纸的绘制、工程验收流程和步骤均进行了详尽的说明和介绍；第 3 章主要对综合布线工程中涉及的铜缆施工技术进行了说明，具体包括 RJ-45 水晶头和双绞线连接技术、大对数电缆连接技术、铜缆模块压制技术、配线架安装技术和标准机柜拆装技术等；第 4 章主要介绍各类光缆解决方案和施工技术，具体包括光纤研磨技术、光纤熔接技术、光纤快速端接技术、光纤链路施工技术等；第 5 章主要介绍桥架、管线安装技术，包括 PVC 管槽安装铺设等；第 6 章主要介绍综合布线工程竣工验收时涉及的相关测试方法、测试标准、测试仪器、链路类型和电气参数等相关内容；第 7 章主要介绍各类认证测试仪的基本使用方法；第 8 章主要介绍如何使用各类认证测试仪进行通道永久链路测试，并使用光纤测试设备进行光纤链路测试，以及 OTDR 测试，并学习如何生成分析相关测试报告；第 9 章主要介绍 OptiView XG 网络分析仪的基本使用方法，并且以案例的方式介绍相关的设备关键应用业务。

　　本书在编写过程中组织众多企业、行业和高校的专家，通过多次研讨，对教材的内容、知识点的难易程度、教学方式都进行了深入的探讨和研究，使教材内容完全符合本科段学生的学习要求，并且引入了目前最前沿的技术、设备和方案。教材内容新颖，知识点层次清晰，实践操作演示详尽。通过此次改版，对内容进行了更新，例如，第 1 章中更新了相关国家标准内容；第 2 章中按照综合布线子系统进行了设计方案的介绍；第 3 章中增加了对电子配线架的介绍；在测试仪方面也新增了对

DSX-5000 电缆分析仪的介绍。此外，改版后教材中插入了教学视频和实验视频，合计共有 26 个，涉及综合布线系统的理论知识介绍和各类的操作技能演示。

本书由王磊、黎镜锋、庄焰任主编，束遵国、潘凯恩、帅志军任副主编，宋旺参与编写。其中：第 1 章由黎镜锋编写，第 2、3 章由帅志军编写，第 5 章由束遵国编写，第 6 章由庄焰、宋旺编写，第 9 章由潘凯恩编写，第 4、7、8 章由王磊编写，全书由王磊进行统稿。本书在编写作过程中得到众多同行的支持和帮助，上海天诚通信技术有限公司总经理雍竣华、上海建桥学院信息技术学院网络工程系蒋中云、上海朗坤信息系统有限公司吴怡等提出许多有益的建议，在此表示衷心的感谢！

由于编者水平有限，疏漏与不妥之处在所难免，恳请广大读者批评指正，作者 E-mail 地址 03010@gench.edu.cn；课程网站地址 http://kczx.gench.edu.cn/zhbx.html。

邀请码：47796900
学习通首页右上角输入

超星线上课程

微信答疑

编　者

2020 年 4 月

目录

第1章

综合布线系统概述

本章主要介绍综合布线系统的定义、特点、组成以及标准（包括国内、国际标准），此外，还对综合布线系统的产品选型、扩展系统等内容进行了介绍。

1.1 综合布线系统的定义和特点

目前，由于理论、技术、厂商、产品甚至国别等多方面的不同，综合布线系统在命名、定义、组成等多方面都有所不同。按照《综合布线系统工程设计规范》（GB 50311—2016）的定义，综合布线系统采用标准的线缆与连接器件将所有语音、数据、图像及多媒体业务系统设备的布线组合在一套标准的布线系统中。综合布线系统是建筑物或建筑群内的传输网络，它能使语音和数据通信设备、交换设备和其他信息管理系统彼此相连接，包括建筑物到外部网络或电话局线路上的连接点与工作区的语音或数据终端之间的所有电缆及相关联的布线部件。在此，要注意区分综合布线和综合布线系统这两个基本概念：综合布线只作为一个概念而存在；综合布线系统则是一种解决方案或者是一种布线产品。两者既密不可分，又有所区别。

微课

综合布线系统概述

1.1.1 综合布线系统的特点

与传统的布线相比较，综合布线系统具有许多优越性，是传统布线所无法相比的。其特点主要表现在它具有兼容性、开放性、灵活性、模块化、扩展性和经济性。而且在设计、施工和维护方面也给人们带来许多方便。综合布线系统与传统布线系统的性能价格比如图1-1所示。

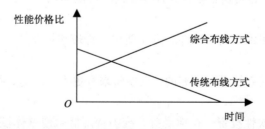

图1-1 综合布线系统与传统布线系统的性能价格比

1. 兼容性

综合布线系统的首要特点是它的兼容性。所谓兼容性是指它自身是完全独立的，与应用系统相对无关，可以适用于多种应用系统；能支持多种数据通信、多媒体技术及信息管理系统等；能够适应现代和未来技术的发展。

过去，为一幢大楼或一个建筑群内的语音或数据线路布线时，往往采用不同厂家生产的电缆、配线插座以及接头等。例如，用户交换机通常采用双绞线，计算机系统通常采用粗铜轴电缆或细铜轴电缆。这些不同的设备使用不同的配线材料，而连接这些不同配线的插头、插座也各不相同，彼此互不相容。一旦需要改变终端设备或设备位置时，就必须铺设新的缆线，以及安装新的插座和插头。

综合布线系统可将语音、数据与监控设备等信号经过统一的规划和设计，采用相同的传输媒体、信息插座、互连设备、适配器等，把这些不同信号综合到一套标准的布线系统中进行传送。由此可见，这种布线比传统布线大为简化，可节约大量的物资、时间和空间。

在使用时，用户不需要定义某个工作区信息插座的具体应用，只把某种终端设备（如个人计算机、电话、视频设备等）插入这个信息插座，然后在管理间和设备间的配线设备上做相应的接线操作，这个终端设备就被接入各自的系统中。

2．开放性

所谓开放性是指它能够支持任何厂家的任何网络产品，支持任何网络结构，如总线状、星状、环状等。在传统的布线方式下，只要用户选定了某种设备，也就选定了与之相适应的布线方式和传输媒体。如果更换另一台设备，那么原来的布线就要全部更换。对于一个已经完工的建筑物，这种变化是十分困难的，需要增加很多投资。

综合布线系统由于采用开放式体系结构，符合各种国际上现行的标准，因此它几乎对所有著名厂商的产品都是开放的，如计算机设备、交换机设备等；对相应的通信协议也是支持的，如 ISO/IEC 8802–3、ISO/IEC 8802–5 等。

3．灵活性

所谓灵活性是指任何信号点都能够连接不同类型的设备，如微机、打印机、终端、服务器、监视器等。而传统的布线方式是封闭的，其体系结构是固定的，若要迁移或增加设备，则相当困难而麻烦，甚至是不可能的。

综合布线系统采用标准的传输缆线和相关连接硬件、模块化设计，因此所有通道都是通用的。在计算机网络中，每条通道可支持终端、以太网工作站及令牌环网工作站，所有设备的开通及更改均不需要改变布线，只需要增减相应的应用设备以及在配线架上进行必要的跳线管理即可。另外，组网也可灵活多样，甚至在同一房间为用户组织信息流提供了必要条件。

4．模块化

所有的接插件都是积木式的标准件，方便使用、管理和扩充。

5．扩展性

实施后的结构化布线系统是可扩充的，以便将来有更大需求时，很容易将设备安装接入。

6．经济性

所谓经济性是指一次性投资，长期受益，维护费用低，使整体投资达到最少。综合布线系统比传统布线更具经济性，主要是综合布线系统可适应相当长时间的用户需求，而传统布线改造则很费时间，耽误工作造成的损失更是无法用金钱计算。

1.1.2　综合布线系统的发展历程

综合布线系统的发展首先与通信技术、计算机技术的飞速发展密切相关。网络应用成为人们日益增长的一种需求。综合布线是网络实现的基础，它能够支持数据、语音及图形图像等的传输要求，成为现今和未来计算机网络和通信系统的有力支持环境。

综合布线系统的发展同时也与智能大厦的崛起密切相关。20 世纪 50 年代初期，一些发达国家就在高层建筑中采用电子器件组成的控制系统；60 年代末，开始出现数字式自动化系统；70 年代，采用专用计算机系统进行管理、控制和显示，建筑物自动化系统迅速发展；80 年代中期开始，随着超大规模集成电路技术和信息技术的发展，开始出现了智能大厦（Intelligent Building）。

1984 年，世界上第一座智能大厦产生。人们对美国哈特福特市的一座大楼进行改造，对空调、电梯、照明、防火防盗系统等采用计算机监控，为客户提供语音、文字处理、电子邮件以及情报资料等信息服务。同时，多家公司转入布线领域，但各厂家之间产品兼容性差。

1985 年初，计算机工业协会（CCIA）提出对大楼布线系统标准化的倡议，美国电子工业协会（EIA）和美国电信工业协会（TIA）开始标准化制定工作。

1991 年 7 月，ANSI/EIA/TIA 568 即《商业大楼电信布线标准》问世，同时，与布线通道及空间、管理、电缆性能及连接硬件性能等有关的相关标准也同时推出。

1995 年底，EIA/TIA 568 标准正式更新为 EIA/TIA 568A，同时，国际标准化组织（ISO）推出相应的标准 ISO/IEC 11801。

制定 EIA/TIA 568A 标准基于下述目的：

① 建立一种支持多供应商环境的通用电信布线系统。

② 可以进行商业大楼的综合布线系统的设计和安装。

③ 建立布线系统配置的性能和技术标准。

该标准基本上包括以下内容：

① 办公环境中电信布线的最低要求。

② 建设的拓扑结构和距离。

③ 决定性能的介质参数。

④ 连接器和引脚功能分配，确保互通性。

⑤ 电信布线系统要求有超过十年的使用寿命。

2000 年，国内推出了 GB/T 50311—2000《建筑与建筑群综合布线系统工程设计规范》，GB/T 50312—2000《建筑与建筑群综合布线工程施工及验收规范》。

2007 年，国内修订推出了 GB 50311—2007《综合布线系统工程设计规范》和 GB 50312—2007《综合布线系统工程验收规范》，原先的 GB/T 50311—2000《建筑与建筑群综合布线系统工程设计规范》和 GB/T 50312—2000《建筑与建筑群综合布线工程施工及验收规范》同时废止，这两个标准的出台标志着综合布线在我国逐步走向正规化和标准化。

2016 年，重新修订了国家综合布线标准，于 2016 年 8 月 26 日发布了 GB 50311—2016《综合布线系统工程设计规范》和 GB/T 50312—2016《综合布线系统工程验收规范》，并于 2017 年 4 月 1 日正式实施。

1.2　综合布线系统组成

目前，不同的标准对综合布线系统组成的划分也不一样。国内外对综合布线系统组成划分方法主要有两个派别：一派是按 ISO/IEC 11801 标准把综合布线系统划分为 3 个子系统；另一派是按 EIA/TIA 568A 标准把综合布线系统划分为 6 个子系统。

1.2.1　ISO/IEC 11801 标准的综合布线组成

按照 ISO/IEC 11801 国际标准，可将综合布线系统分为建筑群主干布线子系统、建筑物主干布线子系统和水平布线子系统 3 个布线子系统组成，其组成结构图如图 1–2 所示。

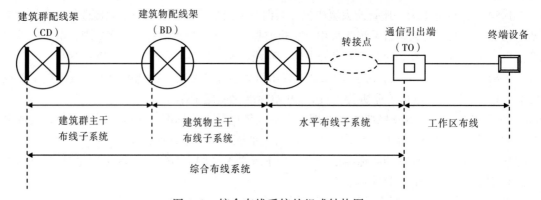

图 1–2　综合布线系统的组成结构图

1．建筑群主干布线子系统

从建筑群配线架到各建筑物配线架属于建筑群主干布线子系统。该子系统包括建筑群主干电缆、建筑群主干光缆及其在建筑群配线架和建筑物配线架上的机械终端和建筑群配线架上的接插软线和跳线。

一般情况下，建筑群主干布线宜采用光缆。建筑群主干布线也可直接连接 2 个建筑物配线架。

2．建筑物主干布线子系统

从建筑物配线架到各楼层配线架属于建筑物主干布线子系统。该子系统包括建筑物主干电缆、建筑物主干光缆及其在建筑物配线架和楼层配线架上的机械终端和建筑物配线架上的接插软线和跳线。

建筑物主干电缆、建筑物主干光缆应直接端接到有关的楼层配线架，中间不应有转接点或接头。

3．水平布线子系统

从楼层配线架到各通信引出端属于水平布线子系统。该子系统包括通信引出端、水平电缆、水平光缆及其在楼层配线架上的机械终端、接插软线和跳线。

水平电缆、水平光缆宜从楼层配线架直接连到通信引出端。

在楼层配线架和每个通信引出端之间允许有一个转接点，进入与接出转接点的线对或光纤应按 1∶1 连接以保持对应关系。转接点处的所有电缆、光缆应作机械终端。转接点处只包括无源连接硬件。应用设备不应在这里连接，用电缆进行转接时，所用的电缆应符合 YD/T 926.2—2009《大楼通信综合布线系统　第 2 部分：电缆、光缆技术要求》对多单位电缆的附加串音要求。

转接点处应为永久性连接，不作配线用。特殊情况下，对于包含多个工作区的较大房间，且工作区划分有可能调整时，允许在房间的适当部位设置非永久性连接的转接点。

4．工作区布线

工作区布线用于把终端设备连接到通信引出端。工作区布线一般是非永久性的，由用户在使用前随时布线，在工程设计和安装施工中一般不列在内，所以工作区布线不包括在综合布线系统工程中。

1.2.2　EIA/TIA 568 标准的综合布线组成

EIA/TIA 568 标准将综合布线系统划分为 6 个组成部分：工作区子系统、水平干线子系统、管理间子系统、垂直干线子系统、设备间子系统、建筑群子系统，如图 1-3 所示。

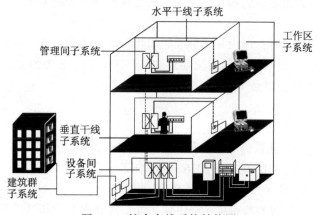

图 1-3　综合布线系统结构图

1．工作区子系统

工作区为需要设置终端设备的独立区域。工作区子系统又称服务区子系统，它是由 RJ-45 跳线与信息插座所连接的设备（终端或工作站）组成。其中，信息插座有墙上型、地面型、桌上型等多种。

2．水平干线子系统

水平干线子系统又称水平子系统，它是整个布线系统的一部分，从工作区的信息插座开始到管理间子系统的配线架。结构一般是星状的，它与垂直干线子系统的区别在于：水平干线子系统总是在一个楼层上，仅与信息插座、管理间连接。

3．管理间子系统

管理间子系统为连接其他子系统提供了手段，它是连接垂直干线子系统和水平干线子系统的设备，其主要设备包括配线架、集线器和机柜、电源等。

4．垂直干线子系统

垂直干线子系统又称骨干子系统，它是整个建筑物综合布线系统的一部分。它提供建筑物的干线电缆，负责连接管理间子系统和设备间子系统，一般使用光缆或选用大对数的非屏蔽双绞线。垂直干线子系统由配线设备、干线电缆或光缆、跳线等组成。

5．设备间子系统

设备间子系统又称设备子系统，由电缆、连接器和相关支撑硬件组成。它把各种公共系统的多种设备互连起来，其中包括邮电部门的光缆、同轴电缆、交换机等。

6．建筑群子系统

建筑群子系统是将一个建筑物中的电缆延伸到另一个建筑物的通信设备和装置，通常是由光缆和相应设备组成。建筑群子系统是综合布线系统的一部分，它支持楼宇之间通信所需的硬件，其中包括电缆、光缆以及电气保护装置等。

1.3　综合布线系统标准

综合布线系统的建设通常要遵守相应的标准和规范。随着综合布线系统技术的不断发展，与之相关的综合布线系统的国内和国际标准也更加规范化、标准化和开放化。国际和国内的各标准化组织都在努力制定新的布线标准，以满足技术和市场的需求，标准的完善又会使市场更加规范化。

目前主要的标准体系有：国内常用标准、国际标准、美国标准、欧洲标准。制定综合布线标准的主要国际组织有：国际标准化委员会（ISO/IEC）、北美的工业技术标准化委员会（TIA/EIA）、欧洲标准化委员会（CENELEC）等。

1.3.1　国内常用标准

2016 年，住房和城乡建设部对原规范 GB/T 50312—2007 进行了修订，发布了《综合布线系统工程设计规范》，编号 GB 50311—2016 和《综合布线系统工程验收规范》，编号 GB/T 50312—2016，新条例于 2017 年 4 月 1 日正式实施。

GB 50311—2016《综合布线系统工程设计规范》共分为 9 章和 3 个附录，主要技术内容包括：总则、术语和缩略语、系统设计、光纤到用户单元通信设施、系统配置设计、性能指标、安装工艺要求、电气防护及接地、防火等。

修订的主要技术内容包括：

① 在 GB 50311—2007《综合布线系统工程设计规范》内容基础上，对建筑群与建筑物综合布线及通信基础设施工程的设计要求进行了补充与完善。

② 增加了布线系统在弱电系统中应用的相关内容。

③ 增加了光纤到用户单元通信设施工程设计要求，并新增了有关光纤到用户单元通信设施工程建设的强制性条文。

④ 丰富了管槽和设备的安装工艺要求。

⑤ 增加了相关附录。

整个条例中，第 4.1.1、4.1.2、4.1.3、8.0.10 条文为强制性条文，必须严格执行。

GB/T 50312—2016《综合布线系统工程验收规范》共分为 10 章和 3 个附录，主要技术内容包括：总则、缩略语、环境检查、器材及测试仪表工具检查、设备安装检验、缆线的敷设和保护方式检验、缆线终接、工程电气测试、管理系统验收、工程验收等。

修订的主要技术内容包括：

① 在原规范内容基础上，对建筑群和建筑物综合布线系统及通信基础设施工程的验收要求进行补充与完善。

② 增加缩略语。

③ 增加光纤到用户单位通信设施工程的验收要求。

④ 完善了光纤信道和链路的测试方法与要求。

更新后的验收规范对综合布线工程竣工验收内容进行了详细说明，具体需要提交的资料包括：

① 竣工图纸。

② 设备材料进场检验记录及开箱检验记录。

③ 系统中文检测报告及中文测试记录。

④ 工程变更记录及工程洽商记录。

⑤ 随工验收记录、分项工程质量验收记录。

⑥ 隐藏工程验收记录及签证。

⑦ 培训记录及培训资料。

新修订标准进一步提高了综合布线系统工程的质量要求，为了确保工程验收的合格率，在验收项目和内容上进一步提出了要求，具体验收内容如表 1-1 所示。

表 1-1　综合布线系统工程验收项目及内容（2016 版）

阶　　段	验 收 项 目	验　收　内　容	验 收 方 式
施工前检查	施工前准备资料	① 已批准的施工图 ② 施工组织计划 ③ 施工技术措施	施工前检查
	环境要求	① 土建施工情况，地面、墙面、门、电源插座、接地装置 ② 土建工艺，机房面积，预留孔洞 ③ 施工电源 ④ 地板铺设 ⑤ 建筑物入口设施检查	
	器材检验	① 按工程技术文件对设备、材料、软件进行进场验收 ② 外观检查 ③ 品牌、型号、规格、数量 ④ 电缆及连接器件电气性能测试 ⑤ 光纤及连接器件特性测试 ⑥ 测试仪表和工具的检验	
	安全、防火要求	① 施工安全措施 ② 消防器材 ③ 危险物的堆放 ④ 预留孔洞防火测试	

阶　　段	验 收 项 目	验 收 内 容	验 收 方 式
设备安装	电信间、设备间、设备机柜、机架	① 规格、外观 ② 安装垂直度、水平度 ③ 油漆不得脱落，标志完整齐全 ④ 各种螺钉必须紧固 ⑤ 抗震加固措施 ⑥ 接地措施及接地电阻	随工检验
	配线模块及 8 位模块式通用插座	① 规格、位置、质量 ② 各种螺钉必须拧紧 ③ 标志齐全 ④ 安装符合工艺要求 ⑤ 屏蔽层可靠连接	
缆线布放（楼内）	缆线桥架布放	① 安装位置正确 ② 安装符合工艺要求 ③ 符合布放缆线工艺要求 ④ 接地	随工检验及隐蔽工程签证
	缆线暗敷	① 缆线规格、路由、位置 ② 符合布线缆线工艺要求 ③ 接地	隐蔽工程签证
缆线布放（楼间）	架空缆线	① 吊线规格、架设位置、装设规格 ② 吊线垂度 ③ 线缆规格 ④ 卡、挂间隔 ⑤ 缆线的引入符合工艺要求	随工检验
	管道缆线	① 使用管孔孔位 ② 缆线规格 ③ 缆线走向 ④ 缆线的防护设施的设置质量	隐蔽工程签证
	埋式缆线	① 缆线规格 ② 敷设位置、深度 ③ 缆线的防护设施的设置质量 ④ 回填土夯实质量	
	通道缆线	① 缆线规格 ② 安装位置、路由 ③ 土建设计符合工艺要求	
	其他	① 通信线路与其他设施的间距 ② 进线间设施安装、施工质量	随工检验或隐蔽工程签证
缆线成端	RJ-45、非 RJ-45 通用插座	符合工艺要求	随工检验
	光纤连接器件		
	各类跳线		
	配线模块		

续表

阶　　段	验收项目	验 收 内 容		验 收 方 式
系统测试	各等级的电缆布线系统工程电气性能测试内容	A、C、D、E、E_A、F、F_A	① 接线图 ② 长度 ③ 衰减 ④ 近端串音 ⑤ 传播时延 ⑥ 传播时延偏差 ⑦ 直流环路电阻	竣工检验（随工测试）
		C、D、E、E_A、F、F_A	① 插入损耗 ② 回波损耗	
		D、E、E_A、F、F_A	① 近端串音功率和 ② 衰减近端串音比 ③ 衰减近端串音比功率和 ④ 衰减远端串音比 ⑤ 衰减远端串音比功率和	
		E_A、F_A	① 外部近端串音功率和 ② 外部衰减远端串音比功率和	
		屏蔽布线系统屏蔽层的导通		
	各等级的电缆布线系统工程电气性能测试内容	为可选的增项测试（D、E、EA、F、FA）	① TLC ② ELTCTL ③ 耦合衰减 ④ 不平衡电阻	竣工检验（随工测试）
	光纤特性测试	① 衰减 ② 长度 ③ 高速光纤链路 OTDR 曲线		
管理系统	管理系统级别	符合设计文件要求		竣工检验
	标识符与标签设置	① 专用标识符类型及组成 ② 标签设置 ③ 标签材质及色标		
	记录和报告	① 记录信息 ② 报告 ③ 工程图纸		
	智能配线系统	作为专项工程		
工程总验收	竣工技术文件	清点，交接技术文件		
	工程验收评价	考核工程质量，确认验收结果		

1.3.2 国际标准

1. ISO/IEC 11801

国际标准 ISO/IEC 11801 是联合技术委员会 ISO/IEC JTC1 的 SC 25/WG 3 工作组在 1995 年制定发布的，这个标准把有关元器件和测试方法归入国际标准。

该标准涉及的版本及修正案如下：

① ISO/IEC 11801:1995 (Ed.1)（First Edition）。

② ISO/IEC 11801:2000 (Ed.1.1)（Edition 1 Amendment 1）。

③ ISO/IEC 11801:2002 (Ed.2)（Second Edition）。

④ ISO/IEC 11801:2008 (Ed.2.1)（Edition 2 Amendment 1）。

⑤ ISO/IEC 11801:2010 (Ed.2.2)（Edition 2 Amendment 2）。

第三版的 ISO/IEC 11801 规范（Edition 3）也于 2017 年正式发布执行，该版本对整个标准进行了较大的修订，将原有的标准划分成了六部分，分别规定了不同的内容。具体内容如下：

① ISO/IEC 11801–1：铜缆双绞线和光纤布线的一般布线要求。

② ISO/IEC 11801–2：办公场所。

③ ISO/IEC 11801–3：工业场所，代替旧的 ISO/IEC 24702。主要针对工业建筑的布线，用于过程控制、自动化和监测。

④ ISO/IEC 11801–4：住宅，代替旧的 ISO/IEC 15018。主要针对住宅建筑的布线，包括 CATV/SATV 应用。

⑤ ISO/IEC 11801–5：数据中心，代替旧的 ISO/IEC 24764。用于规划数据中心使用的高性能网络布线。

⑥ ISO/IEC 11801–6：分布式构建服务，针对分布式园区网络布线，涵盖楼宇自动化和其他服务。

2. ISO/IEC 24764 标准

该标准对于数据中心建议的布线系统等级参照 ISO/IEC 11801 内规定的相关等级，并根据数据中心的特殊需求，建议对绞电缆部分为 Class EA 或更高等级，光缆部分为 OM3（多模）/OS2（单模）或更高等级，当光缆布线系统涉及并行多通道传输时，建议采用 MPO 接口。

设计数据中心通用布缆架构前，应充分考虑布缆系统如何最大化支持系统可行性，同时尽量避免中断或因重新布线而产生的费用。因此，设计人员应该考虑以下两个基本因素：

① 通用布缆系统应尽可能支持数据中心内的各种连接需求。

② 通用布缆系统应考量数据中心业务未来的增长需求。

1.3.3 美国标准

北美标准一般可以包括以下几类，下面对其中的部分标准进行详细说明：

EIA/TIA 568：商业建筑通信布线标准。

EIA/TIA 570：居住和轻型商业建筑标准。

EIA/TIA 606：商业建筑电信布线基础设施管理标准。

EIA/TIA 607：商业建筑中电信布线接地及连接要求。

TIA-942-B-2017：数据中心基础设施标准。

1. EIA/TIA 568

1991 年 7 月，由美国电子工业协会/电信工业协会发布了 ANSI/EIA/TIA-568，即《商业建筑通信布线标准》，正式定义发布综合布线系统的线缆与相关组成部件的物理和电气指标。

1995 年 8 月，ANSI/EIA/TIA-568-A 出现，TSB36 和 TSB40 被包括到 ANSI/EIA/TIA-568 的修订版本中，同时还附加了 UTP 的信道（Channel）在较差情况下布线系统的电气性能参数。

自从 ANSI/EIA/TIA 568 发布以来，随着更高性能产品的出现和市场应用需求的改变，对这个标准也提出了更高的要求。委员会也相继公布了很多的标准增编、临时标准，以及技术公告（TSB）。为简化下一代的 568A 标准，TR42.1 委员会决定将新标准分成三部分。每个部分都与现在的 568-A 章节有相同的着重点。

① ANSI/EIA/TIA-568-B.1：第一部分，一般要求。该标准目前已发布，它最终将取代 ANSI/EIA/TIA-568-A。这个标准着重于水平和主干布线拓扑、距离、介质选择、工作区连接、开放办公布线、电信与设备间、安装方法以及现场测试等内容。它集合了 TSB 67、TSB 72、TSB 75、TSB 95、ANSI/EIA/TIA-568-A-2、A-3、A-5、EIA/TIA/IS-729 等标准中内容。

② ANSI/EIA/TIA-568-B.2：第二部分，平衡双绞线布线系统。这个标准着重于平衡双绞线电缆、跳线、连接硬件的电气和机械性能规范以及部件可靠性测试规范、现场测试仪性能规范、实验室与现场测试仪比对方法等内容。它集合了 ANSI/EIA/TIA-568-A-1 和部分 ANSI/EIA/TIA-568-A-2、A-3、A-4、A-5、IS729、TSB95 中的内容。

ANSI/EIA/TIA-568-B.2.1：它是 ANSI/EIA/TIA-568-B.2 的增编，是目前第一个关于六类布线系统的标准。

③ ANSI/EIA/TIA-568-B.3：第三部分，光纤布线标准。这个标准定义了光纤布线系统的部件和传输性能指标，包括光缆、光跳线和连接硬件的电气与机械性能要求、可靠性测试规范、现场测试性能规范。该标准取代了 ANSI/EIA/TIA-568-A 中的相应内容。

2008 年 8 月 29 日，在 TIA（电信工业协会）的临时会议上，TR-42.1 商业建筑布线小组委员会同意发布 TIA-568-C.0 以及 TIA-568-C.1 标准文件，在 TR-42 委员会的十月全体会议上，这两个标准最终被批准出版。

标准共分为五部分，分别是：

① TIA-568-C.0-2009：用户建筑物通用布线标准。

② TIA-568-C.1-2009：商业楼宇电信布线标准。

③ TIA-568-C.2-2009：布线标准　第二部分：平衡双绞线电信布线和连接硬件标准。

④ TIA-568-C.3-2008：光纤布线和连接硬件标准。

⑤ TIA-568-C.4-2011：宽带同轴电缆及其组件标准。

TIA-568-C.0 标准是其他现行和待开发标准的基石，具有最广泛的通用性，标准融合了其他许多 TIA 标准的通用部分，涉及的标准包括：TIA-569-C（通道和空间标准）、TIA-570-B（家居布线标准）、TIA-606-B（管理标准）、TIA-607-B（接地和连接标准）、TIA-862-A（建筑自动化系统标准）、TIA-758-B（室外设施标准）和 TIA-942（数据中心标准）等。

TIA-568-C.1 是现有的 ANSI/EIA/TIA-568-B.1 的修订标准，该标准不是一个独立的文档，除了包括 TIA-568-C.0 通用标准部分以外，所有适用于商业建筑环境的指导和要求，都在 C.1

标准中的"例外"和"允许"部分进行说明。这使得 C.1 标准更聚焦于办公用类型的商业楼宇，而不是其他建筑环境。TIA-568-C.1 标准与 TIA-568-C.0 密切相连，TIA-568-C.0 突出了通用性，其概念可用于其他类型建筑物，而 TIA-568-C.1 则显示了商业应用环境的特点。

TIA-568-C.2 连接硬件标准是针对铜缆连接硬件标准 ANSI/EIA/TIA-568-B.2 进行修订，主要是为铜缆布线生产厂家提供具体的生产技术指标。所有有关铜缆的性能和测试要求都包括在这个标准文件中，其中的性能级别将主要支持三类：超五类、六类、超六类。

2016 年 6 月，TIA-568-C.2-1 得到批准，该标准涵盖 Cat8 布线和元器件技术指标，TIA 对于 Cat8 的解决方案是基于 RJ-45 连接器的，并且 Cat8 为仅使用屏蔽电缆的解决方案，频率为 2.0 GHz。该标准定义了实验室和现场测试的具体要求，最大通道长度为 30 m，包括两个连接器，目标是支持 25 Gbit/s 或 40 Gbit/s 高速传输速率。TIA-568-C.2-2 标准是关于 Cat6A 跳线测试的附加事项，强调了制造此类线缆时的附加要求。

TIA-568-C.3 连接硬件标准主要针对光缆连接硬件标准 ANSI/EIA/TIA-568-B.3 进行修订，主要是为光缆布线生产厂家提供具体的生产技术指标。具体修改包括：①国际布线标准 ISO 11801 的术语（OM1、OM2、OM3、OS1、OS2）被加入标准，其中单模光缆又分为室内室外通用、室内、室外 3 种类型，这些光纤类型以补充表格形式予以认可；②连接头的应力消除及锁定、适配器彩色编码相关要求被改进，用于识别光纤类型（彩色编码不是强制性的，颜色可用于其他用途);③OM1 级别，62.5 μm/125 μm 多模光缆、跳线的最小 OFL(Over-filled Launch, 满注入）带宽提升到 200 MHz/500 MHz（原来的是 160 MHz/500 MHz）；④附件 A 中有关连接头的测试参数与 IEC 61753-1、C 级规范文档相一致。

TIA-568-D 也在陆续颁布，第四版本在命名规则上和之前的有所不同，以光纤相关标准为例，在第四版中命名为 TIA-568.3-D，该部分主要规定了对光纤、连接器及转接线的要求。目前已经颁布的第四版标准包括 TIA-568.0-D、TIA-568.1-D、TIA-568.3-D。

2．EIA/TIA-570-C：住宅电信布线标准

EIA/TIA-570-C 主要是订出新一代住宅电信布线标准，以适应现今及将来的电信服务。标准提出了有关布线的新等级，并建立了一个布线介质的基本规范及标准，主要应用支持话音、数据、影像、视频、多媒体、家居自动系统、环境管理、保安、音频、电视、探头、警报及对讲机等服务。该标准主要用于规划新建筑，更新增加设备，规划单一住宅及建筑群等。

3．EIA/TIA-606：商业建筑电信基础设施管理标准

EIA/TIA-606 标准的起源是 EIA/TIA 568、EIA/TIA-569 标准，在编写这些标准的过程中，委员会试图提出电信管理的目标，但是很快发现管理本身的问题应予以标准化，这样就开始制定了 TR41.8.3 管理标准。这个标准用于对布线和硬件进行标识。目的是提供与应用无关的统一管理方案。

EIA/TIA-606 标准的目的是提供一套独立于应用之外的统一管理方案。与布线系统一样，布线的管理系统必须独立于应用之外，这是因为在建筑物的使用寿命内，应用系统大多会多次发生变化。这套管理方法可以使系统移动、增添设备以及更改更加容易、快捷。

4．EIA/TIA-607：商业建筑物接地和接线标准

制定此标准的目的是在了解要安装电信系统时，对建筑物内的电信接地系统进行规划设计和安装。它支持多厂商、多产品环境及可能安装在住宅的工作系统接地。

5．TIA-942-B-2017

TIA-942-B-2017 是数据中心基础设施标准，该标准是 2017 年颁布的，是以一个建筑物展开，在建筑物中数据中心机房内部则形成主配线、中间配线、水平配线、区域配线、设备配线的布线结构。2017 年版本的标准推出了多种 MPO 方案，引入了 8 类线标准，引入了 OM5 标准，并增加了无线 AP 系统的内容。同时，数据布线空间还包含进线间、电信间、行政管理区、辅助区和支持区，并与建筑物通用布线系统及电信业务经营者的通信设施进行互通，从而完成数据中心布线系统与建筑物通用布线系统及外部电信业务经营者线路的互联互通。标准中所描述的布线系统，提出了机房布线与楼宇布线系统的共同点与区别，是目前机房布线工程中广为采用的实施方案架构。

1.3.4　欧洲标准

一般而言，CELENEC EN50173 标准与 ISO/IEC 11801 标准是一致的，但是，EN 50173 比 ISO/IEC 11801 严格。该标准至今经历了 4 个版本：EN 50173:1995、EN 50173A1:2000、EN50173:2001 和 EN 50173:2007。

EN 50173 的第一版是 1995 年发布的，它没有定义 ELFEXT 和 PSELFEXT，因此它也不能用于支持千兆以太网，目前已经在很多方面没有什么实际意义。EN 50173A1:2000 支持千兆以太网，也制定了测试布线系统的规范，但它没有涉及新的 Class E 和 Class F 电缆及其布线系统。

EN 50173 系列标准主要内容包括：

① EN 50173-1：《信息技术　总电缆铺设系统　第 1 部分：总要求》。

② EN 50173-2：《信息技术　总电缆铺设系统　第 2 部分：办公设施》。

③ EN 50173-3：《信息技术　总电缆铺设系统　第 3 部分：工业建筑》。

④ EN 50173-4：《信息技术　总电缆铺设系统　第 4 部分：家用》。

⑤ EN 50173-5：《信息技术　总电缆铺设系统　第 5 部分：数据中心》。

⑥ EN 50173-6：《信息技术　通用布线系统　第 6 部分：分布式建设服务》。

目前欧洲标准已经推出 EN 50174 标准内容，具体内容如下：

① EN 50174 系列：《信息技术—布线安装》。

② EN 50174-1：《信息技术—布线安装　第一部分安装规范和质量保证》。

③ EN 50174-2：《信息技术—布线安装　第二部分建筑物内的安装规划和实践》。

④ EN 50174-3：《安装技术—布线安装　第三部分建筑物外安装规划和实践》。

1.3.5　标准的选择和使用

在进行综合布线系统设计、施工和测试时，到底采用何种布线标准，国家并未进行强制规定。但实际情况下，选择标准时主要考虑以下几个因素：

① 用户个人要求，即如果用户对综合布线系统比较熟悉，可由用户进行指定使用哪类标准。

② 根据工程情况推荐标准，可根据实际工程的使用功能和相关情况，由承包商推荐相关标准。

③ 采用多种标准相结合的原则，如将国际标准和国家标准相结合等。

1.4 综合布线系统产品选型

综合布线产品是决定综合布线系统工程质量的关键因素，产品的优劣将直接影响工程的质量，因此在选择布线产品时应格外重视，谨慎选择。

1.4.1 铜缆相关产品

双绞线（Twisted Pair，TP）是综合布线工程中最常见的传输介质，也是局域网中使用最普遍的一种传输介质。双绞线由两根具有绝缘保护层的铜导线组成。把两根绝缘的铜导线按一定密度互相绞在一起，可降低信号干扰的程度，每一根导线在传输中辐射出来的电波会被另一根导线上发出的电波抵消；如果把一对或多对双绞线放在一个绝缘套管中便成了双绞线电缆。在长距离传输中，一条电缆可包含几百对双绞线。

1. 屏蔽双绞线和非屏蔽双绞线

双绞线一般可分为屏蔽双绞线和非屏蔽双绞线，如图 1-4 所示。屏蔽双绞线电缆的外层由铝箔包裹，相对于非屏蔽双绞线具有更好的抗电磁干扰能力，造价也相对高一些。由于非屏蔽双绞线没有屏蔽层，因此在传输信息过程中会向周围发射电磁波，使用专用设备很容易进行监听，因此在安全性要求较高的场合应选用屏蔽双绞线。

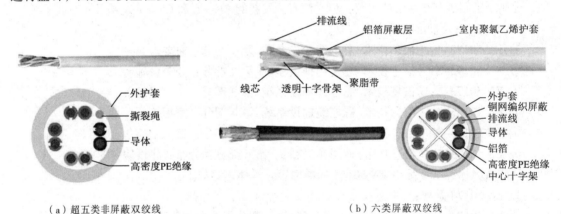

（a）超五类非屏蔽双绞线　　　　　　　（b）六类屏蔽双绞线

图 1-4　屏蔽双绞线和非屏蔽双绞线

屏蔽双绞线一般会在护套层内，甚至再在每个线对外增加一层金属屏蔽层，以提高抗电磁干扰能力。屏蔽双绞线又可以分为铝箔屏蔽双绞线（Foil Twisted Pair，FTP）、屏蔽双绞线（Shielded Twisted Pair，STP）和双屏蔽双绞线（Secure Foil Twisted Pair，SFTP），其中 FTP 采用整体屏蔽结构，在多对双绞线外包裹铝箔构成，屏蔽层之外是电缆绝缘套，如图 1-5 所示。STP 是指每个线对都有各自的屏蔽层，在每对线对外包裹铝箔后，再在铝箔外包裹铜编织网，该结构不仅可以减少外界的电磁干扰，而且可以有效控制线对之间的综合串扰，如图 1-6 所示。SFTP 是指每一对线都有铝箔屏蔽层，是屏蔽双绞线的一种，四对线一起外面还有一层铝箔加编织物屏蔽层，最外面才是外套。这是最好的屏蔽线缆，既可以对抗外部干扰，也可以对抗内部干扰。当然成本也比较高，应用在对抗干扰和速率要求都比较高的场合，如图 1-7 所示。

2．超五类、六类、超六类、七类双绞线

超五类双绞线是对五类双绞线的部分性能加以改善后的电缆，相比普通的五类双绞线，超五类线双绞线的近端串扰、衰减串扰比、回波损耗等性能参数都有所提高，但其频率仍与五类双绞线相同，均为 100 MHz，超五类双绞线可以提供 100 Mbit/s 的通信带宽，并且拥有升级至千兆的潜力，主要应用于 100 base-T 和 1 000 base-T 网络，如图 1-8 所示。

图 1-5　FTP 屏蔽双绞线　　　图 1-6　STP 屏蔽双绞线　　　图 1-7　SFTP 屏蔽双绞线

图 1-8　超五类双绞线

六类双绞线各项参数比五类双绞线和超五类双绞线都有较大提高，其频率提升到 250 MHz，六类双绞线在外形和结构上也有所改变，增加了绝缘的十字骨架，将双绞线的 4 对线分别置于十字骨架的 4 个凹槽内，如图 1-9 所示。

图 1-9　六类双绞线

超六类双绞线是基于未来网络的一种优化解决方案，其频率高达 500 MHz。被设计用来支持 10 Gbit/s Ethernet 网络传输所需要的更高频率，并且仍然能兼容当前的需求。除了满足 EIA/TIA 568-B.2-1 和 ISO/IEC 11801:2002 Category 6 标准需求之外，超六类双绞线产品为屏蔽系统，可免疫线缆外部串扰和其他外部的电磁干扰，如图 1-10 所示。

七类双绞线最大的特点是可以提供 600 MHz 的频率，并且六类双绞线既可以有非屏蔽电缆，也可以有屏蔽电缆，但七类双绞线只能基于屏蔽电缆。在七类双绞线中，每一对线都有一个屏蔽层，四对线合在一起还有一个公共的大屏蔽层。此外，七类双绞线的接口分为 RJ 型接口和非 RJ 型接口两种模式，其中采用 RJ 型接口的最低频率为 600 MHz，非 RJ 型接口更可以实现 1.2 GHz 的高速频率，如图 1-11 所示。

图 1-10　超六类双绞线　　　　　图 1-11　七类双绞线

3．大对数电缆

该类电缆主要用于垂直干线子系统，线对数一般包括 25 对、50 对甚至 100 对的大对数电缆。以 25 对大对数电缆为例，颜色编码分为主色（白—红—黑—黄—紫）和副色（蓝—橙—

绿—棕—灰），将主副色按照顺序两两搭配，就能形成 25 种颜色，即白兰、白橙、白绿、白棕、白灰、红兰、红橙、红绿、红棕、红灰、黑兰、黑橙、黑绿、黑棕、黑灰、黄兰、黄橙、黄绿、黄棕、黄灰、紫兰、紫橙、紫绿、紫棕、紫灰，如图 1-12 所示。

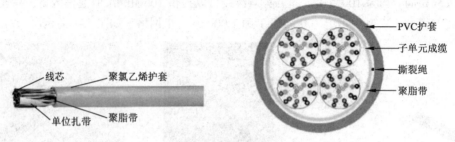

图 1-12　大对数电缆

1.4.2　光缆相关产品

光纤是光导纤维的简称，如图 1-13 所示。光纤是由中心的纤芯和外围的包层同轴组成的圆柱形细丝。纤芯的折射率比包层稍高，损耗比包层更低，光能量主要在纤芯内传输；包层为光的传输提供反射面和光隔离，并起一定的机械保护作用。目前，通信中所用的光纤一般是石英光纤。石英的化学名称为二氧化硅，它和日常用来建房子所用的沙子的主要成分是相同的。但是，普通的石英材料制成的光纤是不能用于通信的，通信光纤必须由纯度极高的材料组成。为了达到传导光波的目的，需要使纤芯材料的折射率大于包层的折射率。为了实现纤芯与包层的折射率差，需要使纤芯与包层的材料有所不同。目前，实际纤芯主要是石英光纤，其中的主要成分是石英。如果在石英中掺入一定的掺杂剂，就可作为包层材料。

图 1-13　光纤

所谓光导纤维光缆是由一捆光导纤维组成的，简称光缆。光缆是数据传输中最有效的一种传输介质，它的优点如下：

① 传输频带宽，通信容量大。
② 光缆的电磁绝缘性能好，不受电磁干扰影响。
③ 信号衰变小，传输距离较长。
④ 保密性强。
⑤ 制造原料丰富；光纤的主要成分是石英。

1. 单模光纤和多模光纤

光纤的类型最常见的划分方式是将光纤分为单模光纤和多模光纤，两者的区别是单模光纤只能传输一种模态（主模态），其传输距离较长，成本较高，纤芯小，需要激光来做光源，其工作波长为 1 310 nm 或 1 550 nm；多模光纤可同时传输多种模态，能承载成百上千的模式，但其传输距离较短，纤芯较粗，其工作波长为 850～1 300 nm。两种光纤的结构如图 1-14、图 1-15 所示。

图 1-14　单模光纤的结构示意图

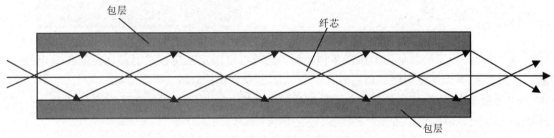

图 1-15　多模光纤的结构示意图

2. 室内光缆和室外光缆

按照使用环境不同，可以将光缆分为室内光缆和室外光缆。室内光缆的抗拉强度较小，保护层较差，但相对更轻便、更经济。室内光缆主要适用于水平布线子系统和垂直干线子系统，如图 1-16 所示。室外光缆的抗拉强度较大，保护层较厚重，并且通常为金属皮包裹。室外光缆多用于建筑群子系统，可用于室外直埋、管道、架空等铺设场合，如图 1-17 所示。

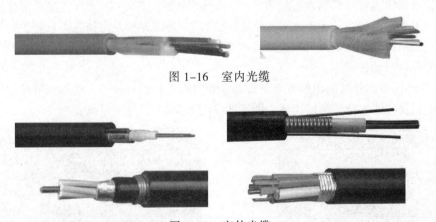

图 1-16　室内光缆

图 1-17　室外光缆

3. 光纤连接器

光纤连接器（见图 1-18）可根据不同的标准进行分类，按照连接器的结构可分为 ST、SC、FC、LC、MU 等类型；按照光纤芯数可分为单芯、多芯等。传统的主流连接器包括 FC、SC 和

ST，以下就详细介绍一下各种光纤连接器。

ST 是英文缩写形式，解释为直通式。这些连接器有一个直通和卡口式锁定结构，如图 1-19 所示。

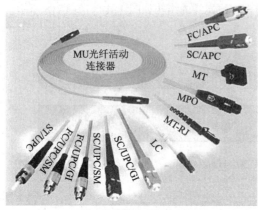

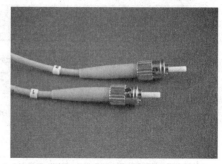

图 1-18　光纤连接器　　　　　　　　　　　图 1-19　ST 光纤连接器

设计 ST 光纤连接器是为了端接单根光纤，光纤可以固定在连接器上并且控制在适当的位置。一般情况下，可使用环氧树脂胶水把光纤固定在金属护套内。

ST 光纤连接器在水平光缆和主干线光缆的端接应用上得到了工业布线标准的认可。在实际中，大多数高速网络设备上，ST 端口还是经常能看到的。

SC 光纤连接器（见图 1-20）是工业布线标准推荐用于新的布线工程的连接器。SC 连接器是一个双工连接器，有两个连接口：一个连接口接一根光纤，用于输入；另一个连接口接另一根光纤，用于输出。这种设计可以非常好地防止光纤的插入次序被调换。

SC 光纤连接器和 ST 光纤连接器比较类似。就像 ST 光纤连接器一样，SC 光纤连接器也有一个直通金属箍，在设计上支持单根光纤。但是，SC 光纤连接器在连接结构上却不同于 ST 光纤连接器。它被归类为张力型连接器，SC 光纤连接器与耦合器相接时，通过压力固定。这样只需要轻微的压力就可以插入或者拔出 SC 光纤连接器，不像 ST 光纤连接器那样插入之后还要转动一下才可以卡住。事实证明，经常插拔的 ST 光纤连接器比插拔次数较少的光纤连接器表现出更大的损耗，这是因为在连接器插拔转动过程中有一定程度的损耗，SC 光纤连接器恰恰可以避免这一插拔损耗。

FC 光纤连接器的外部采用加强型金属套，紧固方式为螺钉扣型，使用对接端面呈球面的插针，使得相关连通性能大幅度提高，如图 1-21 所示。

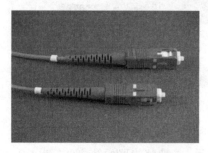

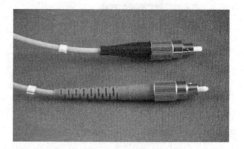

图 1-20　SC 光纤连接器　　　　　　　　　　图 1-21　FC 光纤连接器

LC 光纤连接器是为了满足客户对连接器小型化、高密度连接的使用要求而开发的一种新型光纤连接器，它压缩了整个网络中面板、墙板及配线箱所需要的空间，使其占有的空间只有传统 ST 和 SC 光纤连接器的一半，如图 1-22 所示。

MU 光纤连接器的陶瓷芯仅有 1.25 mm，它和 LC 光纤连接器类似，压缩了实际需要的空间，使其占有的空间是传统光纤连接器的一半。它体积小巧，插入损耗低，如图 1-23 所示。

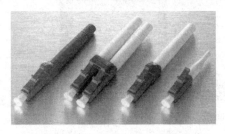 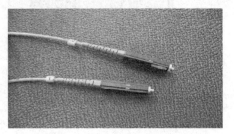

图 1-22 LC 光纤连接器　　　　　　　图 1-23 MU 光纤连接器

1.4.3 接插件产品

综合布线系统产品除了上述铜缆产品和光缆产品外，组成一个网络传输通道还必须有其他的布线配件、部件进行搭配，主要包括信息插座、配线架、跳线、机柜等。

1. 信息插座

信息插座是终端设备与水平子系统连接的接口设备，同时也是水平布线系统的终点，为用户提供网络和语音接口服务。信息插座将水平布线子系统与工作区子系统连接在一起，一般根据适用环境的不同，信息插座可以分为墙上型、桌上型和地上型 3 种类型。墙上型信息插座为内嵌式，适用于与主体建筑同时完成的布线工程中，主要安装于墙壁，如图 1-24 所示；桌上型信息插座适用于主体建筑完工后进行的布线工程，既可以安装在墙壁上，也可以固定于桌面上；地上型信息插座也为内嵌式模式，大多数采用高纯度铜、不锈钢加工成型，光洁度高、抗冲击、耐腐蚀，可根据需要随时打开关闭，主要适用于地面和架空地板中，如图 1-25 所示。

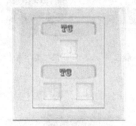 

图 1-24 墙上型信息插座　　　　　　图 1-25 地上型信息插座

信息插座主要由信息面板、信息模块、底盒三部分组成。

信息面板主要用于工作区，与信息模块、语音模块配合一起使用，提供用户终端（电话、电视、计算机）的引出接口，适合多类型模块安装。采用高强度 PC 材料，光洁度好、抗冲击、抗老化；密封良好的弹性防尘盖，可有效防止灰尘和其他污染物的进入，并配有标签窗口，如图 1-26 所示。

信息模块的主要作用是连接工作区和水平电缆，主要安装在工作区面板中，模块中一般有 8 个与导线相连的触点。数据跳线的 RJ-45 水晶头插入模块后,与这些触点紧密地连接接触。这些触点具有锁定装置,一旦插入连接就很难直接拔出,必须解开锁定后才能顺利拔出,如图 1-27 所示。

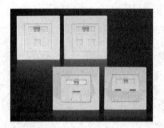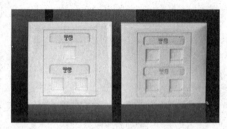

图 1-26　信息面板

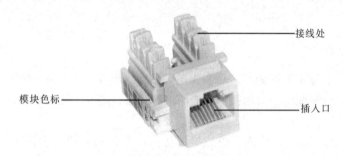

图 1-27　信息模块

综合布线系统中所使用的模块由于厂商不同,模块的外观各不相同,但主要有两种形式:一种是在信息模块的上方;另一种是在信息模块的后部。此外,由于各个厂商对信息模块都有其各自的专利,其模块的色标也有所不同,具体安装时需要根据模块上显示的色标来进行安装,如图 1-28 所示。

（a）超五类非屏蔽模块　　（b）超五类屏蔽模块　　（c）六类非屏蔽模块　　（d）六类屏蔽模块

（e）超六类非屏蔽模块　　（f）超六类非屏蔽免打线模块　　（g）超六类屏蔽信息模块

图 1-28　信息模块

底盒一般分为明装和暗装两种:明装底盒用于桌上型信息插座的安装,固定于墙体表面;暗装底盒用于墙上型信息插座的安装,埋于墙体内部,如图 1-29 所示。

2. 配线架

配线架是用来端接四线对水平电缆的连接硬件设备。目前,可分为铜缆配线盘和光缆配线盘。配线盘一般安装在标准的通信支架上，也可安装在标准机柜内。配线盘一般安装在支架的上部，并且一般和理线器配合使用。

（a）暗盒

（b）明盒

图 1-29 信息底盒

双绞线配线架大多数用于连接水平子系统，前面板用于连接集线设备的 RJ-45 端口，后面板用于连接从信息插座延伸过来的双绞线。配线架可根据端口数量进行分类，如 24 口配线架或 48 口配线架，也可根据所连接的线缆类型进行分类，如超五类非屏蔽配线架、六类非屏蔽配线架、超五类屏蔽配线架、六类屏蔽配线架、超六类非屏蔽配线架和超六类屏蔽配线架等，如图 1-30 所示。此外，近些年市场上陆续出现一些配线架的新产品，包括角形配线架和智能电子配线架等，如图 1-31 所示。其中，智能电子配线架通过硬件与软件结合，将网络连接的架构及其变化自动传给系统管理软件，管理系统将收到的实时信息进行处理，用户通过查询管理系统，便可随时了解布线系统的最新结构。通过将管理元素全部电子化管理，可以做到直观、实时和高效的无纸化管理。

（a）超五类非屏蔽配线架

（b）六类非屏蔽配线架

（c）超五类屏蔽配线架

（d）六类屏蔽配线架

图 1-30 配线架

（a）角形配线架

（b）智能电子配线架

图 1-31 角形配线架和智能电子配线架

在进行实际布线操作时与配线架配套使用的还包括理线器，如图 1-32 所示。该设备一般安装于 19 英寸（1 英寸=2.54 cm）网络机柜和开放式机架，完成线缆的容纳和管理功能。理线器可安装于机架的前端，可使配线架或设备用跳线的水平方向线缆管理。

图 1-32　理线器

110 配线架是一种可支持语音和数据应用的连接模块，如图 1-33 所示。它可以安装在机架上，也可以安装在墙壁上。110 连接模块的支架可用螺钉固定在背架上。

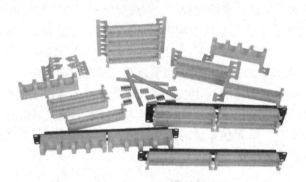

图 1-33　110 配线架

110 配线架是水平模块，它由水平排列的 25 线对组成。电缆导线从左依次向右端接，另一个 25 线对组从第二个水平行从左向右依次端接。110 配线架是对电缆线对进行物理连接，电缆导线插入模块上的狭槽内，然后用一个 110 齿的冲压工具进行固定。冲压工具将电缆导线压入导线槽内，狭槽的金属刀口可以切断导线的绝缘层，与导线相连。这种冲压工具可以把导线固定在狭槽内防止移动。

110 配线基座可安装在墙上或 19 英寸标准背板上成为紧凑而又实用的语音/数据 110 配线架。墙上型 110 配线架常规有 50 对、100 对，并可选择带支架（有腿型）或不带支架（无腿型），支架可在基座后部提供更多空间用于走线。基座带有卡扣，可以根据需要组成任意对数的 110 配线架（必须是 50 的倍数）。安装在 19 英寸标准背板上的配线架又称机架型 110 配线架，兼容标准 19 英寸机柜中，是端接主干大对数电缆的最佳解决方案。所有的 110 配线架都带有标签夹和标签条。

110 配线架的一面可以端接话音和网络干线或用户线，另一面可以连接网络交换设备或电话局的交换节点。完成垂直干线与水平干线的配线管理，既可安装在墙壁，也可以安装在网络机柜或机箱中。110 配线架将 110 背板、无腿型 110 配线架及标签栏焊在一起组成了机架型 110 配线架。

光纤配线架主要用于管理间、设备间，完成干线光缆的固定、熔接和配线管理，支持单模和多模光缆。模块化设计可方便地组合不同密度、不同接头种类的光纤配线架；内含尾纤熔接盘、光缆固定架等，如图 1-34 所示。

　　熔接式光纤配线架在一个机架单位内可以安全地保护和安装多达 48 个熔接的光纤头（使用 MT-RJ 或 LC 适配器安装面板），适合不同类型的光纤的熔接和安装。每个光纤配线架都提供了完整的、灵活的光缆进线和出线通道，可以同时为水平和主干网络的室内或室外光缆提供直接或交叉的连接。配合不同的安装面板可以组成不同密度、不同种类的光纤配线架。此光纤配线架还可以挂墙式安装，为结构化布线的设计提供了极大的灵活性。

图 1-34　光纤配线架

　　光纤适配器又称光纤耦合器，是实现光纤连接的重要部件，通过尺寸精密的开口套管在适配器内部实现了光纤连接器的精密对准连接。在光纤配线架和光纤面板中就存在一个或多个光纤耦合器，它保证了外来光纤和内部光纤跳线能紧密地连接在一起，如图 1-35 所示。

图 1-35　光纤适配器

3. 跳线

　　跳线用于实现配线架与集线设备之间、信息插座与计算机之间、集线设备之间，以及集线设备与路由器设备之间的连接，主要包括双绞线跳线、110 跳线和光纤跳线，分别用于不同的布线系统。

　　双绞线跳线通常指的是 RJ-45 跳线，即跳线两端均为统一的标准，如图 1-36 所示，标准长度包括 1 m、1.5 m、2 m 和 3 m，并有橙色、蓝色、黄色、浅灰色、白色等多种颜色。

图 1-36　双绞线跳线

110 跳线是用于 110 配线架之间或 110 配线架与标准配线架及设备之间的配线连接,应用于语音、数据之间的管理,采用镀金 50 微英寸(1 微英寸=25.4 μm)的鸭嘴连接头压接而成,如图 1-37 所示。该类跳线可提供 1、2、4 对的快接跳线;简单地压入/拔出配线替代了传统的飞线打接的操作,大大提高了电话配线的灵活性和可标记性;可提供 110 转 RJ-45 或 110 到 110 等多种跳线形式。

图 1-37 110 跳线

光纤跳线和尾纤产品。图 1-38 所示为天诚智能集团生产的一款光纤跳线和尾纤,该跳线采用了当今最先进的激光干涉研磨技术和最严格的插入和回波损耗测量技术。

图 1-38 光纤跳线和尾纤

4.机柜

随着计算机与网络技术的发展,服务器、网络通信设备等 IT 设备正在向着小型化、网络化、机架化的方向发展,机房对机柜管理的需求将日益增长。机柜/机架将不再只是用来容纳服务器等设备的容器,不再是 IT 应用中的低值、附属产品。在综合布线领域,机柜正成为其建设中的重要组成部分,且越来越受到关注。

19 英寸标准机柜内设备安装所占高度用一个特殊单位"U"来表示,1 U=44.45 mm。U 是指机柜的内部有效使用空间,也就是能装多少 U 的 19 英寸标准设备,使用 19 英寸标准机柜的标准设备的面板一般都是按 n 个 U 的规格制造的。

根据机柜的外形,可以将机柜分为立式机柜、挂墙式机柜和开放式机柜,如图 1-39 所示。

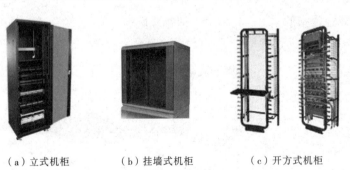

(a)立式机柜　　　　(b)挂墙式机柜　　　　(c)开方式机柜

图 1-39 机柜

1.4.4　国内综合布线产品现状

我国最早是从美国引进的综合布线系统这一理念,因此市场上最早的综合布线产品主要是美国的品牌。随着市场的扩大和发展,欧洲等地的产品也相继进入了中国市场,此外国内的各个综合布线厂商也分别生产了各自的产品。目前进入国内市场的国外布线厂商包括西蒙、安普、康普等,国内的厂商则有天诚、TCL、普天等。图 1–40 所示为部分布线厂商的商标。

图 1–40　综合布线厂商

目前,国外品牌产品依然占据着国内的大部分市场份额,但由于相关产品已经不存在产品技术壁垒,国内各大品牌也在不断地提升市场占有率,国外品牌在产品类型、技术和性能上的优势正在逐渐丧失。以下为各大国内外品牌主流产品技术性能比较,具体如表 1–2～表 1–13 所示。

表 1-2　六类非屏蔽模块

品　牌	产 品 性 能
天诚	模块插口金针为最高质量的磷青铜在镀 100 微英寸之后再镀一层 50 微英寸的金,塑壳为阻燃抗冲击 PC 材料,IDC 可接线径为 22～26 AWG(1 AWG=7.5 mm),导体端接次数大于 200 次,插头接插次数大于 750 次,接触电阻≤2.5 mΩ,绝缘电阻>1 000 MΩ,抗电强度为 DC 1 000 V(AC 700 V)1 min,无击穿无飞弧,信息模块采用 180 度 IDC 打线方式
TCL	传输带宽超过 250 MHz,IDC 镀金 50 微英寸,可接线径为 0.5～0.6 mm,卡接可重复次数>200 次,绝缘电阻>1 000 MΩ,接触电阻<2.5 mΩ
西蒙	性能满足并超过 TIA/EIA–568–B.2–1 要求。频率超过 250 MHz。IDC:簧片接触针部位镀金 50 微英寸,卡接簧片可接线径为 0.5～0.6 mm,卡接可重复次数>200 次,接触电阻<2.5 mΩ,绝缘电阻>1 000 MΩ 抗电强度:DC 1 000 V(AC 700 V)1 min,无击穿和飞弧现象 寿　命:插头插座可重复插拔次数>750 次
安普	IDC 可接线径为 0.4～0.6 mm,卡接可重复次数>200 次,正常大气压条件下接触电阻<2.5 mΩ,绝缘电阻>1 000 MΩ

表 1-3　信息面板

品　牌	产 品 性 能
天诚	进口 PC 料、光洁度高、抗冲击、安装时不会开裂、无外露螺钉孔、超薄型设计、注塑成型、透明易取标识片、方便更换、密封性好
TCL	PC 材料,外形尺寸为 86 mm×86 mm,美观大方;设计线条流畅,不损伤墙面,防尘门设计可防止灰尘污染;防撞阻燃,抗冲击

品　牌	产 品 性 能
西蒙	采用 PC 材料，外形尺寸为 86 mm×86 mm，中间彩框可选金色、银色、浅绿、蓝色、灰色，面板表面不可见螺钉孔，美观大方；设计线条流畅，单面拆卸，不损伤墙面，防尘门设计可防止灰尘污染；采用优质 PC 塑料，防撞阻燃，抗冲击
安普	外形尺寸为 86 mm×86 mm、防尘门设计、模块化安装、抗冲击、乳白色

表 1-4　六类非屏蔽双绞线

品　牌	产 品 性 能
天诚	无氧铜（纯度 99.96%），外观光亮、柔软，铜导体直径应为 23 AWG，约为 0.57 mm，其传输频率≥250 MHz，护套厚度约为 0.6 mm，有十字骨架，进口美国陶氏 PE 料（延伸率大于 600%），日本进口对绞设备，绞距稳定，撕裂绳为三股锦纶丝绞合，抗拉力强，外护套为进口 PE 或 PVC 料，延伸率大，米数准确，保证一箱线缆 305 m
TCL	单根导体直径为 23AWG，满足国际标准 ISO 11801、YD/T 1019 的要求
西蒙	UTP：0.57 mm（23AWG）；实心裸铜线缆外径：6.5 mm（UTP）；包装：305 m/箱，满足国际标准 ISO 11801、YD/T 1019 的要求，采用低密度聚乙烯十字芯架隔离，电缆绝缘护套采用高密度聚乙烯
安普	传输性能满足并优于六类标准。完全支持千兆以太网应用，频率 250 MHz。为未来应用提供额外带宽。中心为十字骨架隔离设计，增强了带宽的网络性能。适用于综合布线网络，支持各种高传输速率 ATM 622（Mbit/s）/12.4（Gbit/s）、1 000 baseTX 以太网的应用

表 1-5　六类非屏蔽 24 口配线架

品　牌	产 品 性 能
天诚	IDC 卡接可重复次数≥300 次，RJ-45 插座可插拔次数≥1 000 次，易拆装、可替换的端口标示条，具有后理线托盘，以保证线缆的整齐性和弯曲半径，兼容 T568A 和 T568B 配线方式
TCL	满足相关电气标准和行业标准，19 英寸
西蒙	全新设计，提供正反两端口标记，采用了模块化设计，提高了可靠性和耐用性，插座的各项技术指标均远超国际标准要求
安普	具有后理线托盘，冷轧钢板，力学性能强，满足 TIA/EIA 568B 六类标准要求

表 1-6　六类数据跳线

品　牌	产 品 性 能
天诚	性能远高于 TIA/EIA 568B 标准要求，三叉高低针 RJ-45 头，50 微英寸镀金，通过整体注塑工艺，消除连接部位的应力，护套特别加长，保证线缆的弯曲半径，采用 7 根 32 AWG 细铜丝，具有更好的柔韧性，接触电阻≤2.5 mΩ，绝缘电阻≥1 000 MΩ，抗电强度 DC 1 000 V（AC 700 V）1 min，无击穿无飞弧
TCL	满足 TIA/EIA 568B 标准，频率达到 250 MHz
西蒙	采用高性能的多股线缆和先进的制造技术，制造工艺采用整体塑模成型，尾部有弯曲张力疏导结构，使跳线性能的不稳定性降到最低，频率达到 250 MHz 以上，可提供 T568A 及 T568B 两种接线规格跳线
安普	满足 TIA/EIA 568B 标准，整体注塑，频率达到 250 MHz，提供各种颜色的跳线

表 1-7　110 配线架

品　牌	产 品 性 能
天诚	提供无腿式、有腿式、机架式等多种规格，满足不同客户的需求，配备 4 对、5 对 110 连接块，可卡接不同规格的线缆，性能远高于 TIA/EIA 568B 标准要求，自带标签标识系统，使用方便，基架为复合塑料，接触金针电镀镍，颜色为象牙色，接入导线线径为 22~26 AWG，端接电缆外径为 5.5~6.5 mm
TCL	含 19 英寸背装架、基座、固定螺钉示名条。适合 19 英寸机柜安装，兼容 4 对、5 对 110 连接块
西蒙	分有脚和无脚，其中有脚适合墙壁安装，含 19 英寸背装架、基座、固定螺钉示名条、标示条，适合 19 英寸机柜安装
安普	19 英寸机柜安装，配备 4 对、5 对 110 连接块，使用方便

表 1-8　大对数电缆

品　牌	产 品 性 能
天诚	采用法国进口群绞设备，极大地稳定了电缆线缆芯数增加时线缆的同心绞合偏离、绞合的一致性，更加稳定了性能，连接绝缘一致，提供非常低的传输延时，采用高品质材料，室外线缆抗紫外线辐射、防水、抗外部压力，特性阻抗（100 ± 15）Ω
TCL	最高支持 10 Mbit/s 的低速数据传输，主要用于语音主干传输，频率为 16 MHz
西蒙	支持频率 16 MHz，用于语音主干传输及最高传输速率为 10 Mbit/s 的低速数据传输，主要用于 10Base-T 网络
安普	支持频率 16 MHz，用于语音主干传输及最高传输速率为 10 Mbit/s 的低速数据传输，主要用于 10Base-T 网络

表 1-9　室内多模光缆

品　牌	产 品 性 能
天诚	外径为 250 μm 的紫外光固化一次涂覆光纤直接紧套一层材料制成 900 μm 紧套光纤，使用温度-20 ~ 70 ℃，光缆外护材料 PVC(阻燃聚氯乙烯)，敷设方式为室内穿管、桥架，芳纶抗张材料，衰减（dB/km）波长 850 nm≤2.80，波长 1 300 nm≤0.60，频率(MHz.km) 波长 850 nm≥200，波长 1 300 nm≥600，数值孔径为（0.275 ± 0.015）μm，线芯直径（62.5 ± 2.5）μm，芯不圆度≤6.0%，包层直径为（125 ± 2）μm，包层不圆度≤2.0%，芯/包同心度偏差≤1.5 μm，涂层直径为（245 ± 10）　μm，涂层/包层同心度偏差≤12.0 μm
TCL	满足国家相关标准，衰减（dB/km）波长 850 nm≤2.80，波长 1 300 nm≤0.60，频率(MHz.km) 波长 850 nm≥200，波长 1 300 nm≥550，芯不圆度≤7.0%，包层直径为（125 ± 2）μm，包层不圆度≤2.5%，芯/包同心度偏差≤1.6 μm，涂层直径为（245 ± 10）μm，涂层/包层同心度偏差≤12.5 μm
西蒙	衰减（dB/km）波长 850 nm≤2.90，波长 1 300 nm≤0.70，频率(MHz.km) 波长 850 nm≥200，波长 1 300 nm≥550，芯不圆度≤7.0%，包层直径为（125 ± 2）μm，包层不圆度≤2.5%，芯/包同心度偏差≤1.6 μm，涂层直径（245 ± 10）μm，涂层/包层同心度偏差≤12.5 μm
安普	满足行业标准，衰减（dB/km）波长 850 nm≤2.90，波长 1 300 nm≤0.70，频率(MHz.km) 波长 850 nm≥200，波长 1 300 nm≥550，芯不圆度≤7.0%，包层直径（125 ± 2）μm，包层不圆度≤2.5%，芯/包同心度偏差≤1.6 μm，涂层直径为（245 ± 10）μm，涂层/包层同心度偏差≤12.5 μm

表 1-10　光纤跳线

品　牌	产 品 性 能
天诚	制造过程采用日本研磨机和美国插损回损仪和干涉仪进行检验，原装进口美国康宁光纤更好地保证了光纤的品质一流；连接器套件精度高；陶瓷插芯采用日本先进技术，同性度极高；精工研磨机进行机械研磨，保证插入损耗和回波损耗值超过标准度高，可以保证优良的掺入损耗，光纤端面高精度研磨，拥有最高的连接性能、极低的插入损耗，满足 IEC 874-7、CECC 86115-80、EN 50173 和 TIA/EIA 568B 等相关要求，研磨方式为 PC、UPC、APC 等

续表

品　牌	产 品 性 能
TCL	满足国际标准和国家标准，多种接头跳接，种类有单模、多模及万兆多模
西蒙	光纤跳线根据接头形状可分为 PC、SC、ST、LC 等；根据插芯的类型可分为 PC、UPC、APC 等；分为 50/125 多模，62.5/125 多模及千兆、万兆等
安普	满足 EN 50173 和 TIA/EIA 568B 等相关要求，可分为 PC、SC、ST、LC 等

表 1-11　光纤尾纤

品　牌	产 品 性 能
天诚	外径为 250 μm 的紫外固化一次涂覆光纤直接紧套一层材料制成 900 μm 紧套尾纤，PVC 阻燃紧套，可剥离性强，熔接损耗小
TCL	尾纤直径可分为 900 μm、2 mm、3 mm 等，可提供多系列、多规格尾纤
西蒙	根据尾纤直径可分为 900 μm、2 mm、3 mm 等，可提供多系列、多规格尾纤
安普	尾纤直径可分为 900 μm、2 mm、3 mm 等，可提供多系列、多规格尾纤

表 1-12　光纤配线架

品　牌	产 品 性 能
天诚	多用途设计，可满足标准机柜及挂墙安装的要求；V 形进线设计，最大限度减少光纤弯曲半径。 多端口、模块化设计，适合光纤的冗余扩充：6 口至 48 口通用一个机架；可安装包括 SC、ST、FC、LC、MTRJ 在内的多种安装面板，并支持混搭；安装面板所用的适配器拥有极高的物理精度，保证极低的插入损耗
TCL	整体结构合理，操作方便，外壳选用优质钢板制作，分 8 口、12 口 ST、SC 等接口的安装
西蒙	可安装于 19 英寸标准机柜，内部提供光纤熔接分配功能，充足的盘纤空间保证光缆的弯曲半径。整体结构合理，操作方便。外壳选用优质钢板制作，外形美观。可兼容 FC、SC、ST、LC 等多种形式的光纤适配器
安普	外壳选用优质钢板制作，外形美观，分 8 口、12 口 ST、SC 等接口的安装

表 1-13　各类适配器

品　牌	产 品 性 能
天诚	插入损耗低，连接器对中精度高，使用方便，可提供磷青铜或氧化锆陶瓷套筒，FC 型适配器采用金属螺纹连接结构，SC、MU、LC 型适配器采用插拔式锁紧结构，ST 型适配器采用带键的卡口式锁紧结构，重复性、互换性好，环境稳定性好，重复插拔
TCL	满足相关标准，有多种接口类型，稳定性好，可重复插拔不受损
西蒙	包括 ST、SC、FC、LC 等供选择，低插入损耗，低反射损耗，方便操作。环境适应性强，光纤到户，工作温度-40～75 ℃，储存温度为-50～85 ℃
安普	符合相关标准，拥有多种规格接头转接，工作温度为-40～75 ℃

微课
天诚 Magic
系列产品

　　目前，5G 牌照已经发放，新一轮的通信建设也将开始，综合布线系统作为一切通信的基础产品，也需要紧跟时代的脉搏发行更多符合时代需求的新产品和新技术。以下就以天诚智能集团为例，介绍一些全新的产品，为了能适应目前 5G 时代的到来，天诚智能集团推出了 Magic 系列产品，该系列产品包括 Magic 系列高性能模块、Magic 系列复合跳线、Magic 多功能理线架和 Magic 系列 86 型面板等。

1. Magic 系列高性能模块

该模块（见图 1-41）外壳采用镀镍合金压铸成型，产品外形小巧，适合安装在空间狭窄的环境。上下壳体免工具打线方式，无须使用传统打线刀，大大降低了操作工人的专业度，同时还提高了工作效率。专利锁线扣设计可以根据网线外径大小自动调节锁紧。金针支撑片采用两件式结构，保证电话模块和网络模块可以共用。性能高于业内其他水平，非常适合用在数据中心进行布线操作。

该模块的创新点在于：创新对称金针结构设计，减少 PCB 补偿电路设计，提高减少串扰和回波损耗。电话模块和网络模块可以共用，金针支撑件分体设计，满足在网络或电话接口使用中接触良好。外形小巧，特别适合狭小、高密度场合使用，如多口面板、地插、1U48 口配线架。采用十字分线架、免打线设计，可提高不同人员施工后模块性能的一致性。可以通过调整锁线扣的位置来实现屏蔽层的压紧强度，使不同外径的网线接触良好。

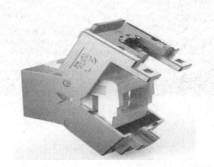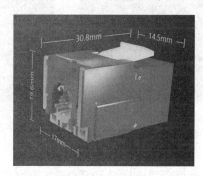

图 1-41　Magic 系列高性能模块

2. Magic 系列复合跳线

该类跳线（见图 1-42）包含高性能通用跳线、易插拔跳线、带锁跳线等多种类型，其中通用跳线支持多种深度的 RJ-45 端口，其配有弯曲的水晶头弹片，有利于线缆的维护和梳理。易插拔跳线采用的是标准的水晶头，但配有特殊专利的拉杆设计，可快速解锁，特别适用于端口密集的数据中心等高密度应用环境。带锁跳线是在易插拔的跳线基础上，将拉杆设计成专用的解锁钥匙，配合专用的专利 RJ-45 模块，可以对端口进行加密保护。所有的跳线其外壳体和尾套均采用 PC+TPU 注塑一体成型工艺，前硬后软的设计可以有效保证跳线的弯曲半径，并且所有跳线都配有易拆装的色环，可以通过使用不同颜色的色环来满足实际可视化的要求。

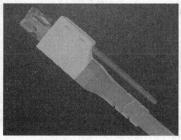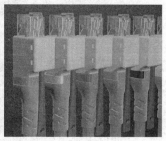

图 1-42　Magic 系列复合跳线

3．Magic 多功能理线架

在日常的综合布线项目中，杂乱无章的线缆使机柜内部看上去混乱不美观，对于后续的日常管理造成了极大的困扰和麻烦，为了解决这一问题，天诚智能集团推出了 Magic 多功能理线架，如图 1-43 所示。该理线架可用于智能建筑综合布线系统中管理间、设备间机柜内的跳线管理，以及数据中心内设备柜、列头柜等机柜中的跳线管理。Magic 理线架能使机房、机柜内杂乱无章的铜缆跳线及光纤跳线变得井井有条，大幅提升机房机柜美观度，同时也为机房机柜安装、维护、管理提供有力保障。

图 1-43　Magic 多功能理线架

4．Magic 系列 86 型面板

Magic 系列 86 型面板（见图 1-44）采用的材料为高等级 PC 防弹胶材料，采用了 86 型国际标准尺寸的设计，6 mm 极致的超薄设计，更好地融入使用环境；采用可更换的色彩嵌条，可以更好地进行标识。该面板还可以支持安装多种多媒体模块，模块的前拆式设计使维护时不需要拆开整块面板。

图 1-44　Magic 系列 86 型面板

1.4.5　综合布线产品的选择原则

综合布线产品的选择原则如下：

① 选择主流成熟的产品。

② 在同一个布线工程中尽量选择同一个品牌的产品。

③ 根据环境选择布线产品。

④ 根据用户功能要求选择布线产品。

⑤ 选取的产品必须符合布线的相关标准。

⑥ 应综合考虑产品的性能价格比。

⑦ 考虑产品的售后服务。

1.5　综合布线系统扩展

为适应社会需要，目前综合布线系统主要满足传送语音、数据、文字和图像以及自动控制信号等各种信息的要求，今后将成为具备能传送宽带、高速、大容量和多媒体为特征的信息网络。在现阶段，综合布线系统在我国主要的适用场合和服务对象是智能化建筑。随着社会的发展，信息需求日益增多，科学技术日益进步，综合布线系统的适用场合、应用范围、服务对象和通信内容都会逐步扩大和增加。

1.5.1　智能家居布线系统

智能家居布线是一个小型的综合布线系统，可以作为一个完善的智能小区综合布线系统的一部分，也可以完全独立成为一套综合布线系统。智能家居布线系统从功能来说是智能家居系统的基础，是其传输的通道。目前，许多国内外大的综合布线厂家都针对智能家居市场推出了解决方案和产品。图 1-45 所示为集成度极高的一款家庭智能多媒体箱。

图 1-45　家庭智能多媒体箱

智能家居综合布线系统的组成根据目前的技术发展水平及人们的生活需求，一般家庭需要考虑的弱电系统主要包括以下子系统：

① 数据传输系统。根据住宅的平面布置，在计算机桌附近设置信息插座，并预留冗余。

② 电话语音系统。根据住宅的平面布置，设置电话信息插座。

③ 有线电视系统。根据住宅的平面布置，设置有线电视插座。

④ 家庭防盗报警系统。目前应用于家庭的有被动式室内单（双）鉴红外线（微波）探头和主动式单（多）光束红外线探头。

⑤ 家庭防灾报警器系统。防灾探头有煤气泄漏探头、感温探头、感烟探头等。

⑥ 可视对讲门铃。在门厅、书房等处安装可视对讲门铃。

⑦ 紧急按钮及报警器系统。家庭报警器都有可直接与小区保安中心保持联系的紧急按钮。

⑧ 三表远程抄收系统。将带电子采集器的煤气表、电表、水表等从户内布线通过家庭信息接入箱引到户外的系统采集总成，与小区或煤气公司、电力公司、自来水公司等联网，实

现远程抄收。

⑨ 网络家用电器控制器系统。家用电器（如电动窗帘等），都会有数据接口，可以通过数据网络实现远程遥控。

⑩ 家庭背景音乐系统。在较大型户型（如别墅、错层、跃层）中安装背景音响系统，可营造家庭氛围。

⑪ 灯光集中控制系统。在较大型户型中安装灯光集中控制系统，可营造家庭氛围。

⑫ 门禁系统。

1.5.2 公共广播布线系统

公共广播布线系统也是综合布线系统的一个扩展，是扩声音响系统的一个分支，该系统在工厂、学校、宾馆、车站、码头、广场、影剧院、体育馆、住宅小区等都得到了广泛应用。图 1-46 所示为一款该系统所涉及的部分相关设备。

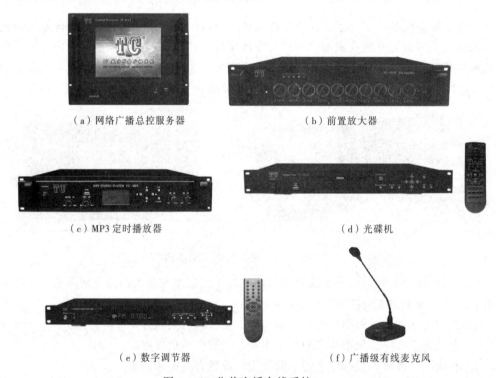

（a）网络广播总控服务器　　　　　　（b）前置放大器

（c）MP3 定时播放器　　　　　　（d）光碟机

（e）数字调节器　　　　　　（f）广播级有线麦克风

图 1-46 公共广播布线系统

公共广播布线系统是一项系统工程，在进行了整体音频、电源等线缆的铺设和连接后，还需要电子技术、电声技术、建声技术和声学等多种学科的密切配合。公共广播布线系统的音响效果不仅与电声系统的综合性能有关，还与声音的传播环境建筑声学和现场调音使用密切相关，所以公共广播布线系统的最终效果需要正确合理的电声系统设计和调试、良好的声音传播条件和正确的现场调音技术三者最佳的配合，三者相辅相成缺一不可。在系统设计中必须综合考虑上述因素，在选择性能良好的电声设备基础上，通过周密的系统设计、仔细的系统调试，达到电声悦耳、自然的音响效果。

公共广播布线系统应具有背景音乐广播、公共业务广播、消防功能。它用于办公区、走廊、电梯厅等区域，平时可在公共区域播放背景音乐，可手动播放、自动循环播放或定时播放，发生火灾时，兼事故广播使用，指挥疏散。系统的设计必须考虑使用场所的特性、噪声水平、空间大小高度，并根据扬声器的扩散角度、声压等级和额定输入功率，确定扬声器的数量。背景音乐系统的主要作用是掩盖噪声并创造一种轻松和谐的听觉气氛，要求扬声器分散均匀布置，无明显声源方向性，且音量适宜，不影响人群正常交谈；背景音乐的音量应高于现场噪声 3 dB 左右。

公共广播集播放背景音乐、宣传、寻呼广播和火灾事故的紧急广播为一体。具体具备以下功能：

① 播放背景音乐和寻呼。

② 紧急广播。

③ 优先广播权功能。

④ 选区广播功能。

⑤ 强制切换功能。

⑥ 消防值班室必须具备紧急广播功能。

习　　题

1．综合布线系统是一种用于＿＿＿＿＿、＿＿＿＿＿、影像和其他信息技术的标准结构化布线系统，是建筑物或建筑群内的传输网络。

2．综合布线系统有许多优越性，其特点主要表现在它具有＿＿＿＿＿、＿＿＿＿＿＿＿＿＿＿、＿＿＿＿＿、＿＿＿＿＿、＿＿＿＿＿。

3．所谓开放性是指能够支持任何厂家的＿＿＿＿＿，支持任何＿＿＿＿＿，如总线状、星状、环状等。

4．所谓灵活性是指任何信号点都能够连接不同类型的＿＿＿＿＿，如微机、打印机、终端、＿＿＿＿＿、监视器等。

5．国内常用标准可分为＿＿＿＿＿、＿＿＿＿＿。

6．EIA/TIA 568 标准将综合布线系统划分为 6 个组成部分，分别是＿＿＿＿＿、＿＿＿＿＿、＿＿＿＿＿、＿＿＿＿＿、＿＿＿＿＿、＿＿＿＿＿。

7．简述综合布线产品的选择原则。

8．简述屏蔽双绞线和非屏蔽双绞线的区别，并说明屏蔽双绞线的分类情况。

9．简述超五类线、六类线、超六类线、七类线在外形、性能和使用场合上的区别。

10．简述光纤连接器包括哪些类型。

第 ② 章

综合布线系统设计

本章主要介绍了如何进行综合布线系统设计，具体包括前期准备工作、技术设计、子系统设计、图纸设计等，讲解了综合布线系统设计方案的整体制作步骤，并对各类综合布线工程中可能遇到的图纸设计与绘制进行了讲解。

2.1 综合布线系统设计的准备工作

综合布线系统在设计前需要进行一些准备工作，具体包括用户需求分析、设计原则制定、设计步骤确定。

2.1.1 用户需求分析

微课

综合布线系统设计概述

综合布线设计人员在进行综合布线系统工程设计前，必须首先对用户的需求信息进行详细准确的收集和分析，把握用户的真实要求，这样才能在系统设计中打下良好的基础。目前，综合布线系统的对象主要是智能大厦或智能小区，为了使综合布线系统更好地满足客户的要求，在设计或规划前，必须对智能大厦或智能小区的用户和业主的需求进行了解和分析，即对用户所需信息点的数量、位置及实际的通信业务要求进行了解和分析。这一分析结果将成为综合布线系统设计的基础数据，它的准确性和真实性将直接影响到综合布线系统的整体设计。综合布线系统设计方应该根据这一数据，充分考虑该智能大厦或智能小区的近期和未来的信息通信需求，分析和制定出信息点的数量及具体分布位置，并且将该结果提供给建设方，当该设计方案得到用户和建设方的确认后，才能作为设计的依据。在进行需求分析时一般要遵循以下要求：

1. 通过用户调查，确认建筑物中工作区的数量和用途

在对用户进行需求分析时，其中一项重要的调查内容就是了解信息点的数量和相应的功能位置，这就需要了解该智能大厦或智能小区中工作区的数量和用途。例如，如果某一个工作区作为集中的办公场所，则应在工作区中配置较多的信息点，以便使用；而如果该工作区只是作为一个值班室使用时，则可配置较少的信息点。通过这一调查和分析就能大体判断出整个工程所需要的信息点的数量和位置。

2. 实际需求应满足当前需要，但也应有一定发展空间

在进行需求分析时，应以当前的用户需求为主，必须满足用户当前的实际需求，但在设计过程中，还应留有一定的发展空间，即当智能大厦的某些空间需要进行扩建或相关功能发生变化时，需要设计方案对此有一定的应变和冗余能力。

3．需求分析时要求总体规划，全面兼顾

在进行设计时，应该能够从智能大厦的整体设计出发，充分发挥综合布线系统的兼容性特性，在设计时将语音、数据、监控、消防等设备集中在一起进行考虑，例如，在现在的综合布线工程中，数据和语音传输经常采用同样的双绞线进行铺设，以便日后进行互换操作。

2.1.2　综合布线系统设计原则

综合布线系统在进行设计时应遵循以下原则：

① 将综合布线系统设计纳入建筑物整体规划、设计和建设中。在进行新建筑物的设计时，应确认综合布线系统中的设备间、管理间、竖井、水平干线子系统和垂直干线子系统的管道走线路由等的位置和空间大小。

② 系统设计的兼容性和可扩展性。在进行综合布线系统设计时，应能兼容各种系统，包括语音系统、数据系统、监控系统等，并且要考虑到未来的发展需要预留一定的发展空间。

③ 系统设计要有一定的超前意识。在进行系统设计时，应使用成熟的技术，但在设计时也应具有一定的超前意识，即智能大厦在建设完成后在一段时间内该建筑物应具有领先性，从而满足用户的使用需要。

④ 系统设计过程中应考虑工程的性价比，并要求建设完成后，系统方便管理和维护。设计过程中，在满足用户要求的前提下，应尽可能地节约成本，使有限资源发挥最大的功效，并且要求在设计建设完成后，用户使用时方便管理和维护。

2.1.3　综合布线系统设计步骤

综合布线系统设计步骤一般需要经历以下 7 个步骤：
① 用户需求分析。
② 获得智能大厦的平面图。
③ 综合布线系统技术设计。
④ 综合布线路由走线设计。
⑤ 设计方案可行性论证。
⑥ 绘制综合布线施工图。
⑦ 编制综合布线工程材料清单。
设计流程图如图 2-1 所示。

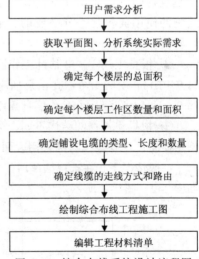

图 2-1　综合布线系统设计流程图

2.2　综合布线系统技术设计

技术设计也称子系统设计，这个阶段的设计主要是对综合布线的组成进行具体设计，即工作区设计、水平（配线）子系统设计、管理间子系统设计干线（垂直）子系统设计、设备间设计和建筑群主干子系统设计。同时对相关的一些必要环节（如干扰、接地等）进行设计。

2.2.1 工作区设计

微课

工作水平干线
子系统设计

工作区是指从设备出线到信息插座的整个区域，即一个独立的需要设置终端的区域划分为一个工作区。工作区域可支持电话机、数据终端、计算机、电视机、监视器以及传感器等终端设备。

1．确定信息插座的数量的类型

信息插座大致可分为：嵌入式安装插座（暗装）、表面安装插座和多介质信息插座（光纤和铜缆）等 3 种。其中，嵌入式安装插座和表面安装插座是用来连接双绞线的；多介质信息插座是用来连接铜缆和光纤，即用来解决用户对"光纤到桌面"的需求。

① 根据已掌握的客户需要，确定信息插座的类别，即采用 3 类还是 5 类插座或 3 类、5 类插座混合使用。一般在不明确的情况下，会全部采用 5 类或更高级别的线缆和插座，在使用要求明确的情况下，可以根据用户的要求，以降低综合布线系统的投资。电话传输采用 3 类线缆和插座；计算机传输采用 5 类或更高级别的线缆和插座的形式。但是，采用 3 类线缆和插座只能支持到 10 Mbit/s 的计算机传输速率，如果需要更高速率的传输就需要更高级别的线缆和插座，这一点必须向用户讲清楚。也就是说，当需要做到信息点互换时，采用 3 类线缆和插座的信息点在计算机传输速率上会受到限制。一般而言，在楼宇的建设初期，楼宇的未来使用目的往往不是十分明确，因此建议在可能的情况下，用户首选 5 类（或更高级别）线缆插座作为水平系统的主要线缆，以满足未来情况的变化。

② 根据楼面平面图计算实际可用的空间。这是由建筑面积计算使用面积的过程，由于建筑物的建筑面积并不代表真正的使用空间，所以在确定信息点的分布标准之前计算建筑物的使用面积是十分必要的，通常认为使用面积 = 建筑面积×0.75，0.75 这一系数是经验值。

③ 根据上述①、②估计工作区和信息插座的数量，可分为基本型和增强型两类。基本型每 9～10 m² 安装 1 个双孔信息插座，即每个工作区提供一部电话和一部计算机终端。增强型每 9～10 m² 安装 2 个双孔信息插座，即每个工作区提供两部电话和两部计算机终端。

④ 根据建筑物的结构不同，可采用不同的安装方式。新建筑物通常采用嵌入式（暗装）信息插座，现有建筑物则采用表面安装（明装）的信息插座。

一般情况下，在选择插座时经常使用 86 系列国家标准插座。面板尺寸和预埋底盒的尺寸如图 2-2～图 2-4 所示。

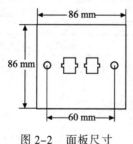

图 2-2　面板尺寸

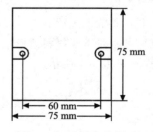

图 2-3　面板底盒尺寸

86 系列产品盒深有 40 mm、50 mm、60 mm 等规格。如果选用 Lucent 公司生产的原装面板，那么其设计尺寸如图 2-5～图 2-7 所示。

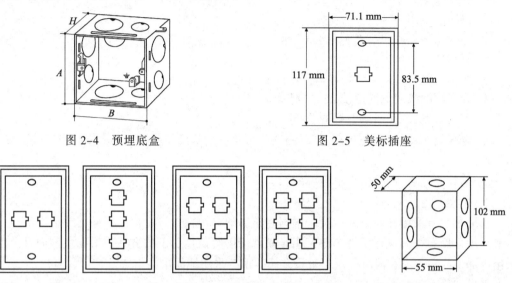

图 2-4 预埋底盒   图 2-5 美标插座

图 2-6 双孔、三孔、四孔、六孔美标插座   图 2-7 美标预埋底盒

注：Lucent 公司生产的美标系列模块化面板，该面板的尺寸为：长 117 mm×宽 71.1 mm，安装钉距离为 83.5 mm，预埋底盒（长×宽×深为 102 mm×55 mm×50 mm）。

2. 适配器的使用

综合布线系统是一个开放的系统，它应能兼容各厂家所生产的各种不同的终端设备。通过选择适当的适配器，即可使综合布线系统的输出与用户的终端设备保持完整的电气兼容性。

工作区的适配器应符合如下要求：

① 在设备连接器采用不同信息插座的连接器时，可用专用电缆或适配器。

② 当在单一信息插座上进行两项服务时，宜用 Y 型适配器，或者一线两用器。

③ 在水平（配线）子系统中选用的电缆类别（介质）不同于设备所需的电缆类别（介质）时，宜采用适配器。

④ 在连接使用不同信号的数模转换或数据速率转换等相应的装置时，宜采用适配器。

⑤ 对于网络规程的兼容性，可用配合适配器。

2.2.2 水平（配线）子系统设计

水平（配线）子系统由建筑物各层的配电间至各工作区之间的配置线缆所构成。综合布线系统的水平子系统多采用 3 类、5 类或更高级别的线缆。这种双绞线具有支持工作区中的语音、数据、图像传输所要求的物理特性。对于用户有高速率终端要求的场合，可采用光纤直接布设到桌面的方案。

1. 确定导线的类型

① 对于 10 Mbit/s 或 10 Mbit/s 以下低速数据和话音传输，采用 3 类双绞线。

② 10 Mbit/s 以上的高速数据传输采用 4 类、5 类或更高标准的双绞线。

③ 高速率或特殊要求的可以采用光纤。

2．确定导线的长度

① 确定布线方法和线缆走向。

② 确定配线间所管理的区域。

③ 确定离配线间最远的信息插座的距离。

④ 确定离配线间最近的信息插座的距离。

⑤ 平均电缆长度=两条电缆的总长／2。

⑥ 电缆总长度 = {平均电缆长度+备用部分（平均长度 10%）+端接冗余（5～10 m）}×信号点。

⑦ 估算总订购线缆箱数 = 电缆总长度／305 m。

3．布线方式

水平布线可采用各种方式，要求根据建筑物的结构特点、用户的不同需要，灵活掌握。一般采用走廊布金属线槽，各工作区用金属管沿墙暗敷设引下的方式。对于大开间办公区可采用内部走线法，或在混凝土层下敷设金属线槽，采用地面出线方式。

水平布线主要有 6 种类型的布线方式：

① 地板下管道型（一层或二层）。

② 蜂窝型（金属和混凝土）。

③ 无限制的进出型（活动地板）。

④ 吊顶型（顶棚型）。

⑤ 管道型。

⑥ 其他类型。

如果选择吊顶内布线，可以采用的方法有：分区法、内部布线法、电缆管道布线法和插通布线法等 4 种。如果是在新铺设的地板中布线，可以采用的方法有：地板下线槽布线法、蜂窝状地板布线法、高架地板布线法、地板下管道布线法和网络地板布线法等。对于旧建筑物或翻新的建筑物，较为经济的有方法：护壁板电缆管道布线法、地板上导管布线法、模制电缆管道布线法和通信线槽敷设法等。

下面对各种布线方法分别予以介绍：

（1）吊顶内布线形式的主要方法

① 区域布线法（见图 2-8）。这是一个针对大开间办公环境设计的水平布线方式，可以分为两部分：固定线缆（从管理系统到中转点）、延伸线缆（从中转点到信息插座）。中转点设置，形成了一个工作区组或区域组，使大开间办公环境设计更加方便灵活便于二次装修、分段安装。

② 内部布线法（见图 2-9）。采用内部布线法时，直接将电缆从接线间引向工作站位置的插座。内部布线法也是一种经济的布线方式，并为吊顶布线提供最大的灵活性。由于来自不同插座的双绞线不在同一电缆护套内，所以也可以使串扰减到最小。

③ 电缆管道布线法（见图 2-10）。电缆管道布线法是一种开式或闭合式金属托架，悬浮在吊顶上方，通常用在大型建筑物或布线系统非常复杂而需要额外支撑物的场所。用横梁式

电缆管道将电缆引向所希望的区域。分支电缆管道从横梁式电缆管道分叉后供下面的地板空间使用，然后将电缆穿过一段很短的柔性管道后，引向公用设施用的柱状物或隔断墙，最后端接在信息插座上。

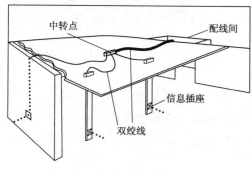

图 2-8　区域布线法

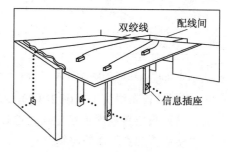

图 2-9　内部布线法

④ 插通布线法（见图 2-11）。采用插通布线法时要在地板上钻一个孔，并从顶棚向下插通电缆，而且要在电缆经过的地板四周建防火区。在安装过程中，这种方法会使地板强度减弱，中断下面楼层的正常工作，因此不推荐使用插通布线法，只在其他布线方法无法实现时才作为一种不得已采用的最后手段。

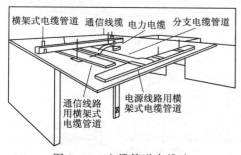

图 2-10　电缆管道布线法

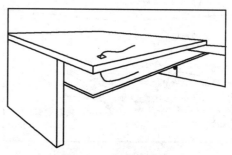

图 2-11　插通布线法

（2）地板下线槽布线法

① 地面线槽布线法（见图 2-12）。由一系列金属布线线槽（常用混凝土密封）和馈线走线槽组成。这是一种安全的方法，其优点是：机械保护性好，减少电气干扰，提高安全性、隐蔽性和保持外观完好，减少安全风险。其缺点是：费用高，特别是地面出线盒的价格较高，结构复杂，对铺有地毯、花岗岩处的地面出口要进行专门的处理。

② 蜂窝状地板布线法（如图 2-13）。蜂窝状地板由一系列供电缆穿越用的通道组成。这些通道为电力电缆和通信电缆提供现成的电缆管道。交替的电缆槽和通信电缆槽提供一种灵活的布局。根据地板结构，布线槽可由钢铁或混凝土制成。无论是哪种情况，横梁式导管都用作馈线槽，从其中将电缆从布线槽引向配线间。蜂窝状地板布线法具有地板下导管布线法的优点，且容量要更大些。缺点是：费用高、结构复杂，增加了地板重量，对铺有地毯处的服务设备用的通孔要进行专门的处理。

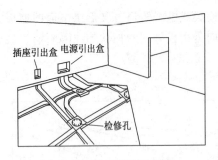

图 2-12 地面线槽布线法

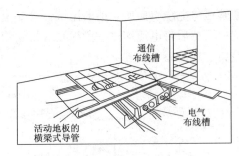

图 2-13 蜂窝状地板布线法

③ 高架地板布线法（见图 2-14）。高架地板（也称活动地板或防静电地板）由许多方块板组成，这些板放置在固定在建筑物地板上的金属锁定支架上。任何一个方块板都是可以活动的，以便能接触到下面的电缆。

这种布线法非常灵活，而且容易安装，不仅容量大，防火也方便。缺点是：在活动地板上走动产生的声音较大，初期安装费用昂贵，电缆走向控制不方便，房间高度降低。

④ 地板下管道布线法（见图 2-15）。地板下管道布线法由许多金属管组成，这些金属管由管理区向各个信息出线口敷设，该方法适用于有相对稳定终端位置的建筑物。其优点是：初期安装费用低；缺点是：灵活性差。

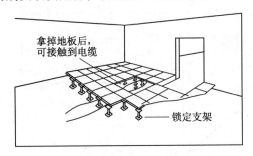

图 2-14 高架地板布线法

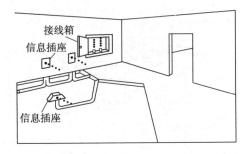

图 2-15 地板下管道布线法

（3）旧建筑物或翻新的建筑物的布线方法

① 护壁板电缆管道布线法（见图 2-16）。护壁板电缆管道是一种沿建筑物护壁板敷设的金属管道。这种布线结构便于接触到电缆，通常用于墙上装有大多数插座的小楼层区。电缆管道的前面盖板是活动的，插座可装在沿管道的任何位置。电力电缆和通信电缆必须隔开。

② 地板上导管布线法（见图 2-17）。采用这种布线法时，地上的胶皮或金属导管用来保护并承载地板表面敷设的裸露布线。电缆藏在这些导管内，而导

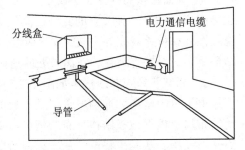

图 2-16 护壁板电缆管道布线法

管又固定在地板上，然后将盖板紧固在导管基座上。地板上导管布线法具有快速和容易安装的优点，适用于通行量不大的区域。不要在过道或主楼层区使用这种布线法。

③ 模制电缆管道布线法（见图 2-18）。模制电缆管道是金属模制件，固定在接近顶棚与

墙壁接合处的过道和房间的墙上，管道可以把模压件连接到配线间。在模压件后面，小套管穿过墙壁，以便使电缆通向房间。在房间内，另外的模压件将连接到插座的电缆隐蔽起来。

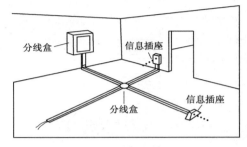

图 2-17　地板上导管布线法

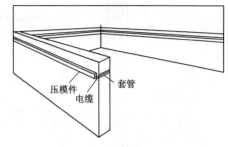

图 2-18　模制电缆管道布线法

④ 通信线槽敷设法（见图 2-19）。在旧楼改造中，目前常采用的是塑料通信线槽布线方式。通常可以有两种形式：一种可以将通信线槽安装在旧楼的吊顶内，如果施工难度较大可以将线槽明敷在通道内，通常选择与屋顶接近，而且便于向各个房间分布的安装高度；另一种是线槽可以由配线间引向各个楼层，然后由通道向办公区穿孔引向各个工作点。

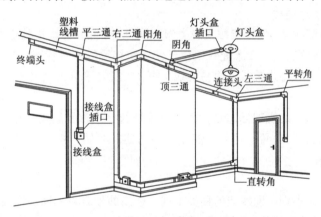

图 2-19　通信线槽敷设法

2.2.3　管理间子系统设计

管理间子系统分布在建筑物每层的配电间内（通常设于弱电竖井内，见图 2-20），由配线间的配线设备（双绞线配线架、光纤配线架）以及输入/输出设备等组成。其连接方式取决于工作区设备的需要和计算机网络的拓扑结构。

1. 管理间的主要作用

① 连接主干线（垂直子系统）和水平子系统。

② 管理本层（或若干层）的信息点，实现本层信息点的灵活移动和互换。

③ 如果主干线缆（垂直系统）采用光纤，水平系统采用双绞线，在管理子系统实现光电转换。

④ 管理间可以实现本层的计算机联网。

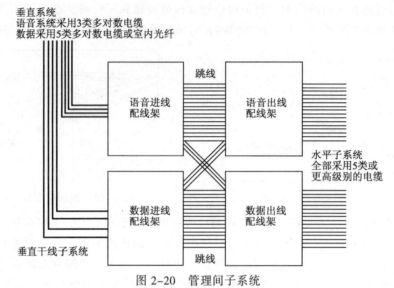

垂直系统
语音系统采用3类多对数电缆
数据采用5类多对数电缆或室内光纤

跳线

语音进线
配线架

语音出线
配线架

水平子系统
全部采用5类或
更高级别的电缆

数据进线
配线架

数据出线
配线架

垂直干线子系统

跳线

图 2-20   管理间子系统

2．管理间的硬件构成

① 双绞线电缆配线架。配线架按配线类型不同分类，可分为快接跳线类和多对数配线类。多对数配线架的价格较低；快接式配线架便于使用快接跳线，对管理人员水平要求不高。

② 跨接式跳线。跨接式跳线（简易跳线）有 1、2、3 和 4 对线几种，使用专用工具直接压入跳线架完成跳线操作。

③ 跳线架的标志。跳线架标志是管理间子系统的一个重要组成部分。一个建筑群系统，应提供信息端口的名称、位置、区号、起始点和功能。当然，系统管理人员也可根据具体情况自行设计标志内容。

3．管理的设计

① 决定配线架的类别。配线架的种类不同，适用的场合也不同。快接式配线架适用于信息点数较少，主要以计算机为使用对象，用户经常对楼层的线路进行修改、移位或重组。多对数配线架适用于信息点多，以电话和计算机为主要使用对象，用户经常对楼层的线路进行修改、移动或重组。

② 计算配线架数量的原则。计算配线架数量的原则有两个：语音配线架与数据配线架分开；进线与出线分开（即垂直连接与水平连接分开）。此外，为了保证系统的未来应用，建议用于水平双绞线（包括数据与语音）的所有 8 芯线都要搭在配线架上。

③ 列出管理接线间墙面全部材料清单，并画出详细的墙面结构图。

4．配线架的种类

配线架分为两大类：光纤配线架和电缆配线架。另外，也有厂家提供光纤和电缆共用配线架。光纤配线架和电缆配线架都有多对数型和快接型。

① 双绞线多对数配线架。多对数配线架也称大对数配线架。在安装电缆时，双绞线被卡接在线排上，线排上卡接模块端子，在端子模块上实现跳线。模块端子有 2 对线式、4 对线式、5 对线式，一个 25 对的配线排可以安装 5 个 4 对线式端子和 1 个 5 对线式端子。模块端子的

下端卡接在大对数配线架上，模块端子的上端连接跳线。由于大对数配线架的连接容量很大，一般大对数配线架都有理线器，线缆在理线器中穿过，使整个配线系统更加美观。

② 快接式配线架。快接式配线架的表面直接是 RJ-45 的标准接口，通过使用带有 RJ-45 接头的连接跳线，可以方便地连接设备。这也是目前进行计算机联网经常使用的配线架。

③ 光纤配线箱。多对数的光纤配线架称为光纤配线箱，可以连接多对数光纤。

④ 光纤配线盘。小规模的光纤连接采用光纤配线盘。光纤配线盘可连接 2～48 口的光纤应用端口。

⑤ 光纤和其他种类电缆合用的配线架。这种配线架采用模块化安装，可以在配线架上安装 ST、SC、屏蔽双绞线、非屏蔽双绞线以及同轴电缆模块。

2.2.4　干线（垂直）子系统设计

干线子系统是指设备间系统与管理之间的连接电缆，是建筑物中的主干电缆。

1. 干线子系统的硬件

① 非屏蔽型多对数电缆。此电缆内含 24-AWG（美国线标）硬铜导线，外包有 PVC 绝缘，为非阻燃型电缆，常用的有 25 对、50 对、100 对。通用型电缆敷设时应符合防火规范，作防火处理。同时应符合 TIA/EIA 568 商业建筑物布线标准。

② 屏蔽型电缆。此电缆内包含 24-AW 铜导线，以聚乙烯绝缘，外包 PVC 外皮，缆芯绕着一层塑料带，并包一层波纹留铝屏蔽物，电缆符合 TIA/EIA 568 商业建筑物布线标准。

2. 设计原则

① 在确定干线子系统所需要的芯缆总对数之前，必须确定电缆中语音和数据信号的共享原则。

② 应选择干线电缆最短、最安全和最经济的路由。宜选择带盖的封闭通道敷设干线电缆。

③ 干线电缆可采用点对点端接，可采用分支递减端接以及电缆直接连接的方法。

④ 如果设备间与计算机房处于不同的地点，而且需要把话音电缆连至设备间，把数据电缆连至计算机房，则宜在设计中选取干线电缆的不同部分来分别满足话音和数据的需要。

3. 设计步骤

① 确定每层楼的干线电缆要求。根据不同需要和经济性选择干线电缆类别，确定使用光纤还是双绞线。

② 确定干线电缆路由。选择干线电缆路由的原则，应是最短、最安全、最经济。垂直干线通道主要有两种方法可供选择：电缆孔法和电缆井法。水平干线主要有管道法和托架法两种敷设方法可供选择。

由于建筑物结构特点和用户要求不同，主干线可能有多个路由或者采用多种敷设方式。

③ 确定干线电缆长度。干线电缆的长度可用比例尺在图纸上实际量得，也可用等差数列计算。注意：每段干线电缆长度要有备份（约 10%）和进行端接损耗的考虑。

4. 干线（垂直）子系统的布线方式

① 开放型通道。开放型通道是指从建筑物的地下室到楼顶的一个开放空间，中间没有任何楼板隔开，例如风道或电梯通道。目前不允许在现有的开放通道之外再增加任何其他开放型通道。

② 封闭型通道。封闭型通道是指一连串上下对齐的接线间，每层一间或几间，电缆通过地板上的电缆孔、管道或者电缆井实现线缆的垂直布防。

5. 垂直的干线电缆穿过建筑物的方法

① 电缆孔法（见图 2–21）。干线通道中所用的电缆孔是很短的管道，通常用直径 10 cm 的金属管做成。它们嵌在混凝土地板中，这是在浇注混凝土地板时嵌入的，比地板表面高出 2.5～10 cm。电缆往往捆在钢丝绳上，而钢丝绳又固定在墙上已钉好的金属条上。当接线间上下都对齐时，一般采用电缆孔法。

② 电缆井法（见图 2–22）。电缆井法有时用于干线通道。电缆井是指在每层楼板上开出一些方孔，方孔的大小根据所用的电缆数目而定。与电缆孔方法一样，电缆也是捆在或箍在支撑用的钢丝绳上，钢丝绳靠墙上的金属条或地板三脚架固定住。离电缆井很近的墙上立式金属架可以支撑很多电缆。电缆井的选择非常灵活，可以让粗细不同的各种电缆以任何组合方式通过，电缆井虽然比电缆孔灵活，但在原有建筑物中开电缆井安装电缆费用比较高，另外使用电缆井要注意防火。电缆井是目前经常使用的干线电缆敷设方法。

在多层楼房中，经常需要使用干线电缆的横向通道才能从设备间连接到干线通道以及在各个楼层上从干线接线间连接到任何一个配线间。横向走线需要寻找一条易于安装的方便通道。

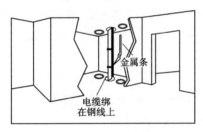

图 2–21 电缆孔法

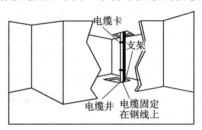

图 2–22 电缆井法

6. 水平的干线电缆穿过建筑物的方法

① 管道法（见图 2–23）。在管道干线系统中，金属管道被用来安装和保护电缆。由于相邻楼层上的干线配线间存在水平方向上的偏距，因而出现了垂直的偏距通路。金属管道允许把电缆拉入这些垂直的偏距通路。在开放式通路和横向干线走线系统中（如穿越地下室），管道对电缆起机械保护作用。管道不仅有防火的优点，而且它提供的密封和坚固的空间使电缆可以安全地延伸到目的地。但是，管道很难重新布置，因而不太灵活。

② 电缆桥架法（见图 2–24）。电缆桥架是铝制或钢制部件，外形很像梯子。若搭在建筑物墙上，可供垂直电缆走线；若搭在顶棚下，可供水平电缆走线。电缆固定在桥架上，由固定卡子固定，必要时还要在桥架下方安装电缆绞接盒，以保证在桥架下方已装有其他电缆时可以接入电缆。桥架法最适合电缆数目很多的情况，待安装电缆的粗细和数量决定桥架的大小。桥架很便于安装电缆，但是桥架及支撑件很贵。

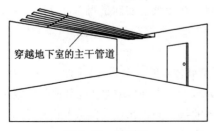

图 2–23 管道法

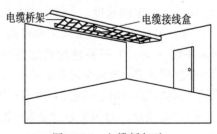

图 2–24 电缆桥架法

2.2.5　设备间设计

设备间是在每一幢建筑物适当的地点设置进线设备，对具有管理人员值班的场所进行网络管理。它是由综合布线系统的建筑物进线及设备、电话、数据、计算机等各种主机设备及其保安设备等构成。

1. 设备间子系统的主要作用

① 楼宇有源通信设备主要安置场所。

② 用于连接主干子系统。

③ 实现楼层间信息点的互换和灵活移动。

2. 设备间的硬件

设备间的硬件大致与管理的硬件相同，基本是由光纤、铜线电缆、配线架、跳线构成，只不过规模比管理间大得多。不同的是设备间有时要增加防雷、防过压、防过流的保护设备。通常这些防护设备是同电信局进户线、程控交换机主机、计算机主机配合设计安装，有时需要综合布线系统配合设计。

3. 设备间设计应考虑的问题

① 设备间（见图 2-25）的位置和大小，应根据设备间的数量、规模、最佳网络中心等因素来综合考虑确定。

② 位置应尽量接近弱电竖井的位置。

超大型建筑物，布线系统规模和主设备间无足够大的墙面安装跳线架时，可在设备间适当位置安排单面或双面机柜。

标准机柜分为挂壁式和立式（见图 2-26）两种。

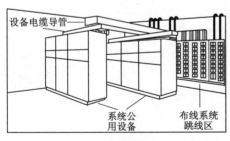

图 2-25　设备间

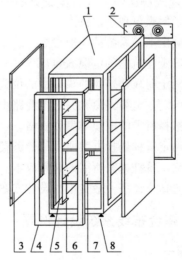

图 2-26　标准机柜

1—顶盖；2—风机板；3—左侧板；4—前门；

5—U 孔条；6—托板；7—隔板；8—调节板

2.2.6 建筑群子系统设计

1. 建筑群子系统的主要作用

建筑群子系统是指由两个以上的建筑物的通信系统组成一个建筑群综合布线系统，由连接各建筑物之间的线缆组成建筑群子系统。建筑群子系统的主要作用如下：

① 连接不同楼宇之间的设备间子系统。

② 实现大面积地区建筑物之间的通信连接。

这部分布线系统的电缆可以采用架空布线法、直埋布线法、管道内布线法、巷道布线法，或者这四者敷设方式的任意组合进行铺设，究竟采用何种方式视具体情况而定。表 2-1 所示为建筑群布线方法的对比。

表 2-1　建筑群布线方法的对比

方　法	优　点	缺　点
管道内布线法	提供最佳的机构保护，任何时候都可敷设；电缆的敷设、扩充和加固都很容易；保持建筑物的外貌	挖沟、开管道和入孔的成本很高
直埋布线法	提供某种程度的机构保护；保持建筑物的外貌	挖沟成本高；难以安排电缆的敷设位置；难以更换和加固
架空布线法	如果本来就有电线杆，则成本最低	没有提供任何机械保护，灵活性差，安全性差，影响建筑物美观
巷道布线法	保持建筑物的外貌，如果本来就有巷道，则成本最低、安全	热量或泄漏的热水可能会损坏电缆；可能被水淹没

2. 建筑群电缆布线方案设计的一般步骤

① 了解敷设现场的特点。

② 确定电缆系统的一般参数。

③ 确定建筑物的电缆入口。

④ 确定明显建筑物的障碍物的位置。

⑤ 确定主电缆路由和另选电缆路由。

⑥ 选择所需的电缆类型和规格。

⑦ 确定每种选择方案所需的劳务费用。

⑧ 确定每种方案所需的材料成本。

⑨ 选择最经济、最实用的设计方案。

2.2.7 综合布线系统设计例题

例题一

一栋 6 层楼，每层 100 个信息点，每层的长 40 m、宽 30 m、高 4 m，弱电竖井正好在每层的中央，计算机房在三层，程控交换机房在二层，各机房都离竖井比较近。请估算这座大厦所需综合布线的材料清单。

（1）估算水平子系统用线量

水平系统全部采用 5 类无屏蔽双绞线，每层总用线量计算如下：

因为不清楚每一层的信息点分布情况，仅仅知道信息点的数量，所以只能估计信息点到管理子系统（弱电竖井）的平均距离。假设最远点为距离竖井 25 m 处，最近点距离竖井 5 m 处，那么信息点的平均距离 ＝（25 + 5）/2 = 15 m。所以，每层的用线量估算如下：100 ×（15 + 1.5 + 6）= 2 250 m。又因为每一箱双绞线的标准长度是 1 000 ft（约 305 m），所以用每层用线量除以 305 m，就可以得到每层订购箱数 = 7.4 箱（仅仅是估算方法）。

本楼水平系统的总用线量为：7.4 × 6 = 44.4 箱，所以订购数量为 45 箱（这是最保守估计，实际应用中用线量可能超过 45 箱）。

（2）计算配线架的用量

因为楼层并不算很高，信息点数量也不多，干线系统均采用多对双绞线。

假设语音、数据系统各有 50 个信息点，配线架的最小规格是 100 对。

根据管理区子系统的设计方法计算的配线架数量如表 2-2 所示。

表 2-2　配线架数量

进线与出线	语　音	数　据
进线	100 对	200 对
出线	200 对	200 对

所以每层需要 100 对配线架 7 个，管理子系统配线架总的用量为 6 × 7 = 42 个。

（3）计算垂直系统的用线量

计算垂直系统的用线量主要看配线架进线数量，语音系统采用 3 类 25 对双绞线，数据系统采用 25 对 5 类双绞线。因为每层按照 50 个语音点计算，每个语音点按照一对线考虑，所以语音干线每层需要 3 根 25 对双绞线，楼高 4 m，假设每根大对数双绞线的平均长度 =[(4+4+4)+4]/2+1.5+6=15.5 m(因为竖井距离机房很近假设不会超过 6 m)，每层 3 根一共有 3 × 5 = 15 根（3 层除外）。所以，语音系统多对数电缆总的用线量 = 15 × 15.5 = 232.5 m，需要订购 1 轴（每轴标准是 1 000 ft，约 305 m）。同样可以计算数据系统的用线量，结果是 1.5 轴，向上取整订购 2 轴。

（4）设备间系统配线架的数量

假设语音系统为 300 个信息点，数据系统为 600 个信息点，则计算结果如表 2-3 所示。

表 2-3　设备间配线架数量

进线和出线	语　音	数　据
进线	300 对	600 对
出线	300 对	600 对

订购时可以确定 300 对配线架 6 个。

（5）系统总的设备清单（见表 2-4）

表 2-4　系统总的设备清单

序　号	设 备 名 称	数　量	序　号	设 备 名 称	数　量
1	8 芯双绞线	45 箱	6	25 对多对数双绞线 5 类	2 轴

序 号	设 备 名 称	数 量	序 号	设 备 名 称	数 量
2	300 对配线架	6 个	7	设备间 1.8 m 机柜	1 个
3	100 对配线架	42 个	8	工具	1 套
4	模块及插座	600 套	9	消耗材料	1 批
5	25 对多对数双绞线 3 类	1 轴			

采用不同厂家的设备，总的造价会有所不同。系统总造价（包括设备费用、施工费用等一切杂费）在 25 万左右。

本例题仅作为估计系统造价时的简单计算之用，不能作为实际应用中的工程设计。

例题二

一栋大楼地上部分总建筑面积 20 000 m²，地上共有 10 层，地下 3 层。地上部分面积平均分配，楼高 4 m，每层的信息点数量不详，一层、二层作为商场，三层、四层作为办公区，四层以上作为写字楼出租，弱电竖井的位置在大楼的正中央，楼长 50 m、宽 40 m，计算机房设在三层，程控交换机房设在二层，各机房距离竖井均约为 10 m。请估列这座大厦的综合布线材料清单。

① 假设 1~2 层：2 个信息点/40 m²（根据实际情况估算），共 200 个信息点。

② 假设 3~4 层：2 个信息点/10 m²（根据实际情况估算），共 800 个信息点。

③ 假设 5~10 层；2 个信息点/15 m²（根据实际情况估算），共 1 620 个信息点（每层 270 个）。

④ 假设信息点最远距离（L_{max}）=64 m，假设信息点最近距离（L_{min}）=5 m。水平系统总用线量 = 2 620 × {（64+5）/2+[（64+5）/2] × 0.1+6}/305 = 378 箱。

⑤ 假设语音、数据系统各有 1 300 个信息点，每层分配线架数量计算信息点，如表 2-5 所示。

表 2-5 每层分配信息点

层 数	进线和出线	语 音	数 据
首层	进线 出线	1 个 100 对 1 个 100 对	1 个 19 in 光纤配线架 1 个 100 对
二层	进线 出线	1 个 100 对 1 个 100 对	1 个 19 in 光纤配线架 1 个 100 对
三层	进线 出线	1 个 300 对 2 个 300 对，2 个 100 对	1 个 19 in 光纤配线架 2 个 300 对，2 个 100 对
四层	进线 出线	1 个 300 对 2 个 300 对，2 个 100 对	1 个 19 in 光纤配线架 2 个 300 对，2 个 100 对
五层	进线 出线	2 个 100 对 2 个 300 对	1 个 19 in 光纤配线架 2 个 300 对
六层	进线 出线	2 个 100 对 2 个 300 对	1 个 19 in 光纤配线架 2 个 300 对

续表

层　数	进线和出线	语　音	数　据
七层	进线 出线	2 个 100 对 2 个 300 对	1 个 19 in 光纤配线架 2 个 300 对
八层	进线 出线	2 个 100 对 2 个 300 对	1 个 19 in 光纤配线架 2 个 300 对
九层	进线 出线	2 个 100 对 2 个 300 对	1 个 19 in 光纤配线架 2 个 300 对
十层	进线 出线	2 个 100 对 2 个 300 对	1 个 19 in 光纤配线架 2 个 300 对

⑥ 假设语音、数据系统各 1 300 个信息点，总配线架数量计算（10%的余量）如表 2-6 所示。

表 2-6　总配线架数量

进线和出线	语　音	数　据
进线 出线	1 个 900 对，1 个 300 对 2 个 100 对（1 500 对）	2 个 19in 光纤

⑦ 总设备清单，如表 2-7 所示。

表 2-7　总设备清单

序　号	设 备 名 称	数　量	序　号	设 备 名 称	数　量
1	8 芯双绞线	375~400 箱	8	19 in 光纤配线架	1 个
2	900 对配线架	1	9	光纤耦合器及 ST 接头	108
3	300 对配线架	34	10	光纤消耗材料	
4	100 对配线架	26	11	机柜	11 个（除 3 层外，每层 1 个+总机房 2 个）
5	模块及插座	2600 套	12	测试设备	1 套
6	25 对多对数双绞线 3 类	7~10 轴	13	工具	1 套
7	6 芯多摸室内光纤	260~300m	14	消耗材料	1 批

采用不同厂家的设备总的造价会有所不同。系统总造价（包括设备费用、施工费用等一切杂费）在 110 万左右。

本例题仅作为系统造价的估算使用，不能成为最终的系统造价。这个估算中不含预埋管线、底盒和金属桥架等设备的材料和安装费用。

例题三

校园网涉及 14 座楼，要用光纤连接起来，每座楼内均要有各自的子网（10 Mbit/s 以太网），相邻每座楼之间的间距都小于 2 km。考虑用 FDDI 双环做主干，在每座楼中放一台 FR2100 FDDI/以太网双环网桥，再用 6 芯室外管道光缆将它们连起来。

每座楼内均采用熔接的方法，将 6 芯室外光缆转成带三条 FDDI 标准的 MIC 头跳线，以便连接 FDDI 网桥。这样每座楼内要熔接 6 个点，同时需要一个一进八出的光纤终端盒，14 座楼总共需要 21 条 MIC 跳线、14 个终端盒、84 个熔接点、14 段 6 芯室外光缆和 14 台 FDDI/以太网双环网桥。由于楼间距都较小（小于 2 km），所以一般不用核算衰减余量。

2.3　综合布线系统工程图纸设计与绘制

综合布线系统设计中图纸是非常重要的一项资源，系统设计人员要根据建筑物结构图设计综合布线工程图，用户要根据工程图对工程进行可行性分析和判断，施工人员要根据图纸进行具体的施工和操作，最终项目竣工验收也需要根据图纸来进行验收判断，所有工程的技术图纸也将成为重要的资料移交给用户。

2.3.1　综合布线系统工程设计参考图集

这里简单介绍综合布线系统图纸设计中所采用的主要参考图集。

1.《智能建筑弱电工程设计施工图集（97X700）》

此书由中国建筑标准设计研究所与工程建设标准设计分会弱电专业委员会联合主编，由中华人民共和国建设部 1998 年 4 月 16 日批准。

该图集包括智能建筑弱电系统共 11 个系统的设计：

① 通信系统。

② 综合布线系统。

③ 火灾报警与消防控制系统。

④ 安全防范系统。

⑤ 楼宇设备自控系统。

⑥ 公用建筑计算机经营管理系统。

⑦ 有线电视系统。

⑧ 服务性广播系统。

⑨ 厅堂扩声系统。

⑩ 声像节目制作与电化教学系统。

⑪ 呼应信号及公共显示系统。

该图集在一定程度上保持各自的独立性和完整性，对某些系统，除规定特定的图形符号外，还比较详细地介绍了系统构成、原理和实施方法。该图集适用于新建或改（扩）建的智能建筑各弱电系统的设计和设备安装，除民用建筑外，也考虑了部分工业建筑所列内容。除遵循现有的规程、规范外，对目前尚未明确规定的部分，也研究确定了详细的设计及施工方法以供选用，并希望通过工程实践，促进编制新的规程、规范。该图集对智能住宅的设计和施工未涉及，但可以作为施工图纸设计的主要参考书目。

2.《建筑电气通用图集（92DQ）》

该图集是华北地区建筑设计标准化办公室主持编制的通用图集。

该图集共 13 册，可以选购如下分册：

① 《内线工程 92DQ5》。

② 《通用电器件设备 92DQ8》。

③ 《火灾报警与控制 92 DQ9》。

④ 《空调自控 92DQl0》。

⑤ 《有线电视工程 92 DQ11》。

⑥ 《广播与通讯工程 92DQl2》。

⑦ 《防雷与接地装置 92DQl3》。

3. 《建筑电气安装工程图集》

该图集主要内容如下：

① 弱电（通信）工程设计图形标准。

② 建筑与建筑群的综合布线。

③ 智能建筑的设计要求及智能大厦中的开关、插座、多功能配件的安装。

④ DLP 布线槽系统。

⑤ 民用建筑中的声像、呼叫对讲、扩声、仪表自控、计算机管理、监视等系统的安装与布线。

⑥ 土建工程中建筑内墙与布线的构造做法。

⑦ 自备电源、蓄电池室等的安装做法。

⑧ 标准电能计量柜的选型。

⑨ 常用国家标准图形标志的使用与制作。

⑩ 新型抹灰接线盒的安装与金属管的接地做法等。

2.3.2　工程图纸设计与绘制

综合布线工程图纸设计一般包括以下内容：

① 信息点统计表设计。

② 综合布线系统图设计。

③ 端口编号表设计。

④ 施工图设计。

⑤ 材料统计表设计。

⑥ 预算表设计。

⑦ 施工进度表设计。

上述图纸的设计与绘制贯穿了整个综合布线工程的始末，在整个工程施工过程中起到至关重要的作用，以下就逐一对这些工程图纸的设计与绘制进行介绍。

1. 布线系统图的设计（见图 2-27）

① 布线系统图是所有配线架和电缆线路的全部通信空间的立面详图。其主要内容如下：

- 工作区：各层的插座型号和数量。

- 水平子系统：各层水平电缆型号和根数。

- 干线子系统：从主跳线连接配线架到各水平跳线连接配线架的干线电缆（铜缆或光缆）的型号和根数。

● 管理：主跳线连接配线架和水平跳线连接配线架所在楼层、型号和数量。

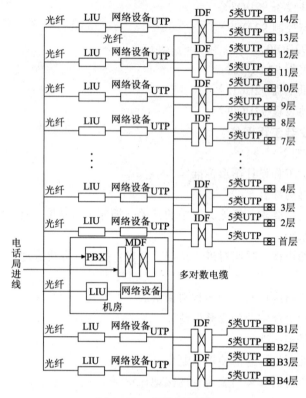

图 2-27 布线系统图

② 系统图作为全面概括布线系统全貌的示意图，在系统图中应当反映如下几点：

● 总配线架、楼层配线架以及其他种类配线架、光纤互联单元的分布位置。

● 水平线缆的类型（屏蔽或非屏蔽）和垂直线缆的类型（光纤还是多对数双绞线）。

● 主要设备的位置，包括电话交换机（PBX）和网络设备（Hub 或网络交换机等）。

● 垂直干线的路由。

● 电话局电话进线位置。

● 图例说明。

具体操作步骤：

① 与用户进行沟通，了解用户需求及大厦工作区数量及用途。在进行用户需求分析时，必须在满足当前需求的情况下，留有一定的发展空间，并且需要在整体设计的前提下，充分发挥综合布线系统的兼容性，将语音、数据、监控、消防等设备集中在一起进行考虑。

所谓用户需求分析是指首先从建筑物的用途开始进行分析，然后按照楼层进行分析，最后再到楼层的各个工作区，逐步明确和确认每层和每个工作区的用途和功能，分析每个工作区的需求，规划工作区的信息点数量和位置。

② 了解建筑物类型及工作区面积划分情况，工作区的面积根据实际需求会有不同的划分方式，如表 2-8 所示。

表 2-8 建筑物类型及工作区面积

建筑物类型及功能	工作区面积/m²
网管中心、呼叫中心、信息中心等终端设备较为密集的场地	3～5
办公区	5～10
会议、会展	10～60
商场、生产机房、娱乐场所	20～60
体育场馆、候机室、公共设施区	20～100
工业生产区	60～200

③ 确定了工作区面积后,可根据实际的工作区面积来确定每个工作区所需要的信息点的个数,如表 2-9 所示。

表 2-9 工作区信息点分配规则

工作区类型及功能	安装数量	
	数据	语音
终端设备密集场地	1～2 个/工作台	2 个/工作台
人员密集场地	1～2 个/工作台	2 个/工作台
独立办公室	2 个/间	2 个/间
小型会议室、商务洽谈室	2～4 个/间	2 个/间
大型会议室、多功能厅	5～10 个/间	2 个/间
>5 000 平方米的大型超市或者卖场	1 个/100 平方米	1 个/100 平方米
2 000～3 000 平方米中小型卖场	1 个 30～50 平方米	1 个 30～50 平方米
餐厅、商场等服务业场所	1 个/50 平方米	1 个/50 平方米
宾馆标准间	1 个/间	1～3 个/间
学生公寓（4 人间）	4 个/间	4 个/间
公寓管理室、门卫室	1 个/间	1 个/间
教学楼教室	1～2 个/间	
住宅楼	1 个/套	2～3 个/套

④ 确定了工作区信息点布放规则后,可根据实际情况进行分配,并制订信息点数据统计表,如表 2-10 所示。

表 2-10 信息点数据统计表

某公司办公大楼网络综合布线信息点数量统计表																				
楼层编号	房间编号																		数据点数合计	语音点数合计	数据点数总计
	01		02		03		04		05		06		07		08		09				
	数据	语音	数据	语音	数据	语音	数据	语音	数据	语音	数据	语音	数据	语音	数据	语音	数据	语音			
一层	3	3	5	5	24	1	1	1	1	1	1	1	1						35	12	47

续表

楼层编号	房间编号																		数据点数合计	语音点数合计	数据点数总计
	01		02		03		04		05		06		07		08		09				
	数据	语音	数据	语音	数据	语音	数据	语音	数据	语音	数据	语音	数据	语音	数据	语音	数据	语音			
二层	3	3	5	5	5	5	5	5	5	2	5	5			2	2			30	27	57
三层	3	3	5	5	5	5	5	5	2	2	2	2	2	2	2	2	2	2	28	28	56
																	总计		93	67	160

某公司办公大楼网络综合布线信息点数量统计表

⑤ 根据信息点数据统计表，可采用绘图软件来进行综合布线系统图的绘制，在系统图的绘制中需要在图中进行各种图例的说明，如图2-28所示。

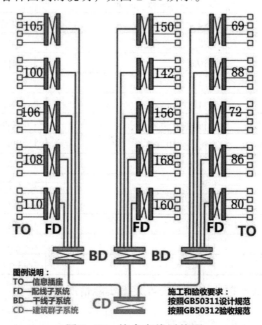

图2-28　综合布线系统图

2．施工图设计与绘制

综合布线系统工程中确认了信息点数据统计表和综合布线系统图后，就应该进行端口编码表和工程施工图的设计和制定。其中，端口编码表是综合布线系统工程施工过程必不可少的重要技术文件，该表中将规定房间编号、每个信息点的编号、配线架编号、机柜编号等，主要用于系统管理、施工管理以及日后的日常维护。

具体操作步骤如下：

① 根据信息点数据统计表和综合布线系统图设计和绘制端口编码表，该表格中需要注释相关的房间名称、房间编号、信息点所属机柜编号、所属配线架编号，以及具体信息点的编

号，编码表如表 2-11 所示。

表 2-11　端口编码表

序　号	房 间 名 称	房 间 编 号	机 柜 编 号	FD 配线架编号	信息点编号	测 试 记 录
1	会议室	101	1	1	1-1-101-1	
					1-1-101-2	
2	市场部	102	1	1	1-1-102-1	
			1	1	1-1-102-2	
3	销售部	103	1	2	1-2-103-1	
			1	2	1-2-103-2	
4	财务部	104	1	2	1-2-104-1	
5	采购部	105	1	2	1-2-105-1	
			1	2	1-2-105-2	
6	工程部	106	2	1	2-1-106-1	
			2	1	2-1-106-2	
7	生产部	107	2	1	2-1-107-1	
			2	1	2-1-107-2	
8	维修部	108	2	1	2-1-108-1	
9	员工办公室	109	2	2	2-2-109-1	
			2	2	2-2-109-2	
			2	2	2-2-109-3	
10	市场部办公区	110	2	2	2-2-10-1	
			2	2	2-2-10-2	

② 根据综合布线系统图和端口编码表，采用 AutoCAD 或者 Visio 工具进行综合布线施工图的绘制，进行路由走线和具体安装位置的确定。

设计并绘制综合布线施工图，确定每个信息点的位置和连接走线路由，并对照相关记录进行端口位置核对，施工图如图 2-29 所示。

此外，在进行综合布线系统施工图设计与绘制时还需要注意以下几点：

① 在做设计以前首先应该清楚系统采用的是什么厂家的设备，以确定所需线槽的大小和尺寸。结合所使用的产品，可以确定新建楼宇施工图纸设计中应当注意的问题：

- 确定预埋管线的管径，具体可以参考这样的标准：1~2 根双绞线穿管 15~20 mm 钢管；3~4 根双绞线穿管 20~25 mm 钢管；5~8 根双绞线穿管 25~32 mm 钢管（32 mm 钢管建议不要穿 10 根以上双绞线）；8 根以上双绞线最好走线槽；单根 32 mm 钢管可以由 2 根 20 mm 钢管代替。
- 水平系统和垂直系统采用金属线槽或金属梯架。线槽和容纳 UTP 双绞线参考表如表 2-12 所示（弱电竖井中敷设金属梯架式线槽也参考此表）。

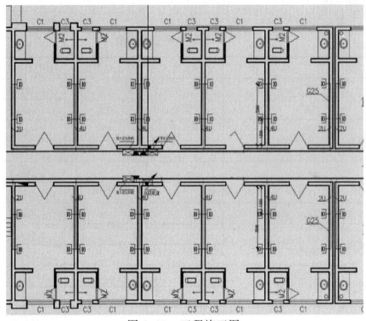

图 2-29　工程施工图

表 2-12　线槽和容纳 UTP 双绞线参考表

线 槽 规 格	3 类芯	5 类 8 芯	3 类 25 对	3 类 50 对	3 类 100 对	5 类 25 对
25×25	<10	<8	<2	0	0	<2
50×25	<20	<15	<4	<2	0	<3
75×25	<30	<25	<5	<3	<2	<4
50×50	<35	<30	<7	<4	<3	<5
100×50	<75	<65	<15	<10	<5	<15
100×100	<150	<130	<35	<22	<12	<26
150×75	<170	<150	<40	<25	<14	<30
100×200	<300	<270	<70	<45	<24	<50
150×150	<350	<300	<80	<50	<28	<60

● 由电话局到电话交换机机房要设计走线线槽，线槽可敷设在弱电竖井中。

当有源设备放置在竖井中时，应当注意为竖井解决照明、设备用电（UPS 不间断电源）、通风、接地、设备防盗防止破坏等一系列问题。

综合布线系统的施工平面图是施工的依据，可以和其他弱电系统的平面图在一张图纸上表示。

② 通过平面图的设计应该明确以下问题：

● 电话局进线的具体位置、标高、进线方向、进线管道数目、管径。

● 电话机房和计算机房的位置，由机房引出线槽的位置。

● 电话局进线到电话机房的路由，采用托线盘的尺寸、规格、数量。

- 每层信息点的分布、数量，插座的样式(单孔还是双孔或是多孔，墙上型还是地面型)、安装标高、安装位置、预埋底盒。
- 水平线缆的路由。标明由线槽到信息插座之间管道的材料、管径、安装方式、安装位置。如果采用水平线槽，应当标明线槽的规格、安装位置和安装形式。
- 弱电竖井的数量、位置、大小，是否提供照明电源、220 V 设备电源、地线、有无通风设施。
- 当管理区设备需要安装在弱电竖井里时，需要确定的设备分布图。
- 弱电竖井中的金属梯架的规格、尺寸、安装位置。

设计平面图需要考虑两方面的因素：弱电避让强电线路、暖通设备、给排水设备；线槽的路由和安装位置应便于设备提供厂商的安装调试。

3．材料统计表、预算表、进度表设计与绘制

材料统计表主要用于工程项目材料采购和现场施工管理，必须详细清楚地表明工程使用的各种材料，包括主要材料、辅助材料和消耗材料等。材料统计表确认后可进行市场调查、询价，选购最适合工程的材料，并制定材料预算表，确定工程总价。

具体操作步骤如下：

① 根据用户需求分析确定所需材料的种类，并进行市场调查，对各种材料的真伪辨别方法、基本价格有全面的了解，方便进行材料选择。

② 根据市场调查和用户需求分析结果，进行材料统计表的制订，如表 2-13 所示。

表 2-13 材料统计表

序 号	材料名称	材料规格	数 量	说 明
1	标准机柜	2 米机柜	5 台	管理间使用
2	底盒	明盒，86 系列底盒	20 个	
3	信息面板	双口，86 系列	15 个	
4	信息面板	单口，86 系列	5 个	
5	信息模块	RJ-45	20 个	
6	语音模块	RJ-11	15 个	
7	PVC 线槽	60×40，白色	20 米	
8	阴角	60×40，白色	1 个	
9	PVC 管	$\phi 20$，白色	30 米	
10	直通	$\phi 20$，白色	3 个	
11	弯头	$\phi 20$，白色	2 个	
12	双绞线	CAT5E	5 箱	

③ 确定了材料统计表后，可进行市场寻价，根据实际价格确定材料预算统计表，如表 2-14 所示。

表 2-14　材料预算统计表

序　号	材料名称	材料规格	数　量	单价（元）	合计（元）
1	标准机柜	2 米机柜	5 台	1 200	6 000
2	底盒	明盒，86 系列底盒	20 个	3	60
3	信息面板	双口，86 系列	15 个	7	105
4	信息面板	单口，86 系列	5 个	5	25
5	信息模块	RJ-45	20 个	10	200
6	语音模块	RJ-11	15 个	8	120
7	PVC 线槽	60×40，白色	20 米	5	100
8	阴角	60×40，白色	1 个	3	3
9	PVC 管	ϕ20，白色	30 米	5	150
10	直通	ϕ20，白色	3 个	3	9
11	弯头	ϕ20，白色	2 个	2	4
12	双绞线	CAT5E	5 箱	600	3 000

④ 根据材料预算统计表和相关资料确定布线工程材料需求报告，并进行工程材料预算制订。

⑤ 根据实际工程安排制订工程进度表，并加以实施。

2.3.3　设计与绘图软件介绍

综合布线系统设计中存在着复杂的设备连接关系，各个信息点信息又很分散，如果仍然采用手工绘图和管理的方式，将会使管理方式和信息查询工作变得很烦琐，很难快速准确地了解每条链路的具体连接关系、连接位置及连接的设备。因此，目前普遍采用综合布线系统设计辅助软件和专用绘图软件来帮助设计人员完成相关工作。其中，综合布线系统设计辅助软件有图形化设计与资源管理平台 VisualNet 和综合布线图形化管理软件 CVMS2008 等，图纸绘制软件有 AutoCAD 和 Visio 等。

VisualNet 和 CVMS2008 是两款设计人员经常会用到的综合布线系统设计辅助软件，VisualNet 软件界面如图 2-30 所示。它们的优点是能简单、方便、灵活地为管理员提供一个直观、易用的图形化管理平台，帮助管理人员很好地管理综合布线系统。

AutoCAD 和 Visio 是两款专门用于绘制图纸的软件，在综合布线系统设计中也经常会用到，使用这两款软件可进行网络拓扑图、信息点分布图、布线施工图等内容的绘制，软件界面如图 2-31 所示。

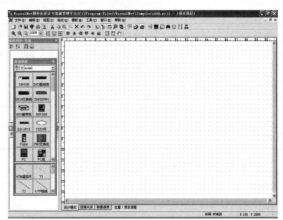

图 2-30　VisualNet 软件界面

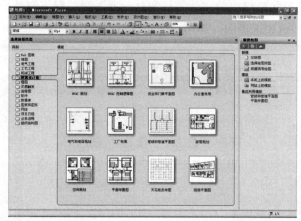

图 2-31　AutoCAD 和 Visio 软件界面

具体操作步骤如下：

①　Microsoft Visio 软件可以根据工程项目需要，灵活地创建简单或复杂的布线系统图和施工图。图 2-32 所示为 Visio 2003 的启动界面。

图 2-32　Visio 2003 的启动界面

②　运行 Microsoft Visio 2003 后，在主界面左侧有各种各样的模板类型，如 Web 图表、地图、电气工程、工艺工程等，如图 2-33 所示。

③　选择"文件"→"新建网络模板类型"→"基本网络图"命令，如图 2-34 所示。

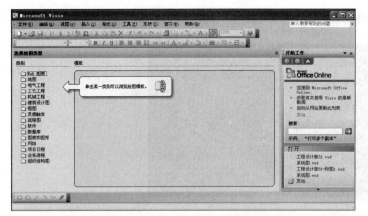

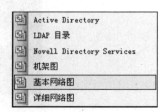

图 2-33　Visio 2003 主界面　　　　　　　　图 2-34　网络模板类型

④ 利用界面左侧形状窗口中的"计算机和显示器"和"网络和外设",将相关的网络设备拖动到绘图页上,形成相关图表,如图 2-35 所示。

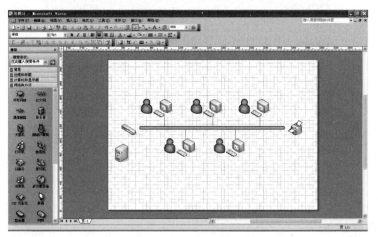

图 2-35　绘制结构图

⑤ 使用绘图工具栏中的矩形工具、线条工具等可以绘制配线架、信息端口等。在绘图时可以右击任意网络形状,修改其中的相关属性,如图 2-36 所示。

⑥ 在进行系统图绘制后需要对图例进行说明,如图 2-37 所示。

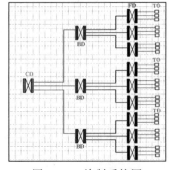

图 2-36　绘制系统图

图 2-37　图例说明

在进行图纸绘制前还需要首先确定图例的内容，需要在工程中采用统一的图例，方便使用。表 2-15 列举了部分图例，可供参考。

表 2-15　部分图例

图　标	说　明	图　标	说　明
	FD 楼层配线架		沿建筑物明铺设的通信线路
	BD 建筑物配线架		沿建筑物暗铺设的通信线路
	CD 建筑群配线架		接地
	配线箱（柜）	HUB	集线器
	桥架		直角弯头
	走线槽（明槽）		T 形弯头
	走线槽（暗槽）		单孔信息插座
	个人计算机		双孔信息插座
	计算机终端		三孔信息插座
(A)	适配器		综合布线系统的互连
MD	调制解调器		交接间
	光纤或光缆		墙挂式交接箱
	永久接头		架空交接箱
	可拆卸接头		电缆穿管保护
	架空线路		墙壁预留孔

2.4　标识管理设计

综合布线系统工程中的标识管理是工程设计中的一个非常重要的组成部分，由于应用系统变化导致连接点经常会移动或者增减，正确的标识将帮助用户管理工程的相关软硬件。综合布线管理一般包括两类：逻辑管理和物理管理。逻辑管理是通过布线管理软件和电子配线架来实现的，通过以数据库和 CAD 图形软件为基础制成的一套文档记录和管理软件，实现数据录入、网络更改、系统查询等功能，使用户随时拥有更新的电子数据文档。这需要网管人员随时根据网络的变更及时将信息录入到数据库。物理管理就是现在普遍使用的标识管理系统。

综合布线管理需要遵循的标准主要包括有 EIA/TIA-606 标准和 UL969，其中的EIA/TIA-606 标准，即《商业及建筑物电信基础结构的管理标准》，其目的是提供与应用无关的统一管理方案，为使用者，最终用户、生产厂家、咨询者、承包人、设计者、安装人和参与电信基础结构或有关管理系统设施的人员建立了准则。其用途是对电信设备、布线系统、终端产品和通路/空间部件等电信基础结构进行管理，其中完整有效的标识系统是上述管理的重要手段之一。

需要进行标识的位置如下：

① 线缆标识，即水平和主干子系统电缆在每一端都要标识。

② 跳接面板/110 块标识，即每一个端接硬件都应该标记一个标识符。

③ 插座/面板标识，即每一个端接位置都要被标记一个标识符。

④ 路径标识，即路径要在所有位于通信柜、设备间或设备入口的末端进行标识。

⑤ 空间标识，即所有的空间都要求被标识。

⑥ 结合标识，即每一个结合终止处要进行标识。

上述 6 种标识方法相互联系互为补充，每种标识的方法及使用的材料又各有各的特点。像线缆的标识，要求在线缆的两端都进行标识，如果要求严格，每隔一段距离就要进行标识以及要在维修口、接合处、牵引盒处的电缆位置进行标识。空间的标识和结合的标识要求清晰、醒目，让人一眼就能注意到。插座/面板标识除了清晰、简洁易懂外，还要美观。

另一个标准，即 UL969，其中的 UL 是指美国保险商实验室，它是一个独立的非营利性质的产品安全试验和认证的组织。该组织成立于 1894 年，自成立之日起，就成为美国产品安全和认证的领导者，并持续至今，UL969 定义了布线标签的材料的要求。

综合布线系统通常使用标签来进行标识管理，标签的类型分为以下 3 种：

① 粘贴型：粘贴标签应满足 UL969 中规定的清晰、磨损和附着力的要求，还应满足UL969 中规定的室内一般外露使用的要求。厂房外使用的标签应满足 UL969 中规定的室内室外外露要求，如图 2-38 所示。

② 插入型：插入标签应满足 UL969 中规定的清晰、磨损性和一般外露要求。设备外的标签应满足 UL969 中列出的室内和室外的要求。插入标签根据标记单元，在正常操作和使用情况下应牢固地放置到位。

③ 其他标签：包括不同方法粘贴的特殊用途的标签。

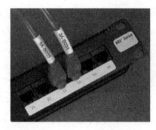

图 2-38　粘贴型标签

2.5　综合布线工程验收

综合布线工程验收是工程建设的最后一个环节，它将决定布线工程的完成质量。一般认为验收就是指竣工验收，综合布线工程验收包括初步验收和竣工验收 2 个阶段。此外，在工程施工过程中还需要进行随工验收，随时发现工程存在的质量问题，避免造成人员和材料的浪费。以下从验收项目、验收组织、验收判定和验收实施等几方面，对综合布线工程验收进行简单介绍。

2.5.1　验收项目

综合布线工程验收的项目包括系统管理验收、文档验收、器材检验、设备安装检验、缆线敷设和保护、系统的接地验收等。

① 综合布线系统管理验收。具体要求有综合布线系统信息端口、各配线架双绞电缆，以及配线连接硬件交接处应有清晰、永久的编号、标识。不同区域的双绞电缆配线架应根据其用途标注不同的色标。各配线区光缆布线各端口也应进行编号、标识。配线区位于楼层管理间时应对配线架和其他配线连接硬件采取防尘措施。

② 综合布线系统文档验收。工程竣工时所需移交的文档如下：

- 综合布线系统验收时，应提供该项目的设计方案和施工方案。
- 综合布线系统图，即所有配线架和电缆线路的全部通信空间的立面详图，应包括工作区子系统图、水平子系统图、垂直子系统图、设备间子系统图、管理子系统图和建筑群子系统图。
- 综合布线系统拓扑结构图，应包括建筑物的分布情况、设备间的位置、管理间的位置、各布线子系统传输介质和布线系统的路由等信息。
- 综合布线系统自测报告，应反映每个信息端口是否通过测试的情况，未通过测试的，应在自测报告中注明。
- 操作及维护手册，应包括配线架与房间内信息插座对应关系表、总体布线情况说明、操作及维护工作的实施及要求、操作及维护注意事项等。
- 布线材料清单，应详细列出所使用的布线材料的种类、数量、使用位置等。
- 厂商资料，应具备布线材料生产商和供应商的全称、法人、联系方法以及其生产或供应情况等。

③ 综合布线系统的器材检验，应符合相关标准要求。

④ 综合布线系统的设备安装检验，应符合相关标准要求。

⑤ 综合布线系统的缆线敷设和保护，应符合相关标准要求。

⑥ 综合布线系统的接地验收。

楼层配线间和建筑物配线间采用屏蔽接地措施时，应具有良好的接地系统，每个配线区的接地都应通过接地干线与接地体连接。单独设置接地体时，接地电阻值不应大于 4Ω。采用联合接地体时，接地电阻不应大于 1Ω。

⑦ 综合布线系统与公共通信网的接口位置、必要的设备和所接的通信终端设备均应符合国家或地方通信主管部门的有关规定。

2.5.2　验收组织与验收判定

综合布线系统的验收工作是政府行政主管部门的一项管理职能。因此，验收单位必须是国家依法成立的、具有第三方法律地位且通过国家有关部门授权的专业机构，以保证验收工作的公正性、科学性、准确性、权威性。目前，国内对综合布线工程的验收有以下几种方式：

① 施工单位自行组织验收。

② 由第三方验收机构进行验收。

③ 由施工监理机构组织验收。

对验收的判定有以下几点可供遵循：

① 如果综合布线系统测试结论为不合格，则综合布线系统验收判定为不合格。

② 对单项做出符合、基本符合或不符合的结论。当某项相对于标准的要求有微小的不满足，并且对实际使用和管理不产生实质性影响时，判定为基本符合。

③ 如果有一项的验收结论为不合格，则综合布线系统验收综合判定为不合格，否则综合布线系统验收综合判定为合格。

2.5.3　验收实施

验收实施一般可分为以下 6 个步骤：

① 完成布线测试后开始验收。

② 资料审查，竣工文档应内容齐全、数据准确、外观整洁。

③ 单项结论，根据验收情况做出单项验收结论。

④ 不合格项处理，验收中发现不合格的项目，应查明原因、分清责任、提出解决办法，并进行整改。

⑤ 整改重验，对经整改的不合格项重新验收。

⑥ 验收结论，由验收单位根据验收情况做出验收结论。

综合布线工程验收流程图如图 2-39 所示。

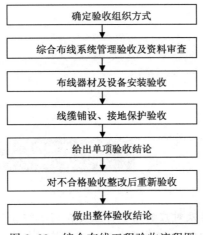

图 2-39 综合布线工程验收流程图

习 题

1. 综合布线工程设计的准备工作包括哪些?
2. 综合布线系统设计基本步骤包括哪些?
3. 工作区子系统设计包括哪些内容?
4. 水平干线子系统设计包括哪些内容?
5. 简述高架地板布线法的优缺点。
6. 综合布线工程涉及图纸包括哪些?
7. 简述综合布线工程验收的基本步骤。

第**3**章

本章简要介绍铜缆的分类及对应的结构，主要介绍了综合布线系统施工中使用铜缆涉及的各类施工技术，具体包括 RJ-45 水晶头与双绞线的连接技术、大对数电缆连接技术、铜缆模块压制技术、配线架安装技术、标准机柜拆装技术等。

3.1　铜缆基本概述

目前，综合布线系统中使用的传输介质主要有有线和无线两大类，其中有线传输介质可分为铜缆和光缆两大类，无线传输介质可分为红外线和无线电波等。

传输介质的选择必须考虑传输介质的性能、价格、使用规则、安装难易度、可扩展性等一系列因素。目前，在综合布线系统中使用最多的铜缆类传输介质包括双绞线、大对数电缆、同轴电缆等，以下分别进行介绍。

3.1.1　双绞线

双绞线（TP）是一种综合布线工程中最常见的传输介质，也是局域网中使用最普遍的一种传输介质。双绞线是由两根具有绝缘保护层的铜导线组成。把两根绝缘的铜导线按一定密度互相绞在一起，可降低信号干扰的程度，每一根导线在传输中辐射出来的电波会被另一根线上发出的电波抵消。

双绞线最适合于点到点的设备连接。使用双绞线进行传输时，其电磁波的辐射比较严重，容易被窃听。为减少辐射，应采取屏蔽措施，既通常所说的屏蔽双绞线。双绞线较适合于距离（一栋建筑物内或几栋建筑物之间，若超过几千米，就要加入中继器）较短、环境单纯的局域网络系统。

为了便于管理和安装，每对双绞线都有颜色标识，4 对双绞线的颜色分别是蓝色、橙色、绿色和棕色。在每对线中，其中一根的颜色为线对的颜色（纯色），另一根的颜色为白底色加线对颜色的条纹（杂色），具体颜色编码如表 3-1 所示。

表 3-1　4 对 UTP 电缆的颜色编码

线　　对	颜色标识	缩　　写
线对 1	白—蓝 蓝	W—BL BL

续表

线　对	颜色标识	缩　写
线对 2	白—橙 橙	W—O O
线对 3	白—绿 绿	W—G G
线对 4	白—棕 棕	W—BR BR

双绞线可根据不同的原则进行分类，大体有以下几种分类方式：

1．按结构进行分类

按结构进行分类将双绞线分为非屏蔽双绞线（UTP）和屏蔽双绞线（STP），屏蔽双绞线电缆的外层由铝箔包裹着，它的价格相对要高一些，安装时要比非屏蔽双绞线困难，必须使用特殊的连接器，技术要求也比非屏蔽双绞线电缆高。与屏蔽双绞线相比，非屏蔽双绞线电缆外面只需一层绝缘胶皮，因而重量轻、易弯曲、易安装、组网灵活，非常适用于结构化布线，所以在无特殊要求的计算机网络布线中，常使用非屏蔽双绞线电缆。图 3-1 所示为屏蔽双绞线和非屏蔽双绞线。

（a）屏蔽双绞线　　　　　　（b）非屏蔽双绞线

图 3-1　屏蔽双绞线和非屏蔽双绞线

双绞线主要用来传输模拟信号，但也可用于传输数字信号，特别适合短距离的信号传输，例如，在局域网中使用。采用双绞线的局域网络，其带宽取决于导线的质量、长度、制作工艺等，只要精心选择和认真安装，就可以在有限距离内达到几兆比特每秒的可靠传输速率。当距离很短时，传输速率甚至可达到 100 Mbit/s。

2．按性能指标进行分类

按照性能指标进行分类，可将双绞线分为 3 类、4 类、5 类、5e 类、6 类、6A 类和 7 类。

（1）3 类双绞线

3 类双绞线主要是指目前在 EIA/TIA 568 标准中指定的双绞线电缆。该双绞线的传输频率为 16 MHz，用于语音传输及最高传输速率为 10 Mbit/s 的数据传输，主要用于 10 Base-T。目前 3 类双绞线正逐渐从市场上消失，取而代之的是 5 类和超 5 类双绞线。

（2）4 类双绞线

该类双绞线电缆的传输频率为 20 MHz，用于语音传输和最高传输速率为 16 Mbit/s 的数据传输，主要用于基于令牌的局域网和 10 Base-T/100 Base-T。4 类双绞线在以太网布线中应用很少，以往多用于令牌网的布线，目前市场上也基本上看不到了。

（3）5 类双绞线

该类双绞线电缆增加了绕线密度，外套一种高质量的绝缘材料，传输频率为 100 MHz，用于语音传输和最高传输速率为 100 Mbit/s 的数据传输，主要用于 100 Base-T 和 10 Base-T 网络。5 类双绞线是目前网络布线的主流。

（4）超 5 类双绞线

与 5 类双绞线相比，超 5 类双绞线的衰减和串扰更小，可提供更坚实的网络基础，满足大多数应用的需求（尤其支持千兆位以太网 1 000 Base-T 的布线），给网络的安装和测试带来了便利，成为目前网络应用中较好的解决方案。超 5 类双绞线的主要用武之地是千兆位以太网环境。

（5）6 类双绞线

电信工业协会（TIA）和国际标准化组织（1SO）已经着手制定 6 类布线标准。该标准将规定未来布线应达到 200 MHz 的带宽，可以传输语音、数据和视频，足以应付未来高速和多媒体网络的需要。6 类布线标准已发布，但市面上的相关产品却较少。所以，6 类布线在今天和未来的 3 ~ 5 年中，还不能成为局域网布线的主流选择。

（6）6A 类双绞线

超六类双绞线其频率高达 500 MHz，使用屏蔽系统，可以较好地防止外来电磁干扰对数据传输的影响。

（7）7 类双绞线

国际标准化组织（ISO）已宣布要制定 7 类双绞线标准，建议带宽为 600 MHz。但到目前为止，有关 7 类双绞线的标准还没有正式提出来。

3．按照特性阻抗进行分类

目前双绞线电缆具有的特性阻抗值一般可分为三类，包括 100Ω、120Ω 和 150Ω，最常见的是 100Ω 特性阻抗双绞线电缆。

3.1.2　大对数电缆

按照双绞线线对数进行分类，可分为 1 对、2 对、4 对双绞线，以及 25 对、50 对、100 对的大对数电缆。在局域网中使用较多的双绞线是 2 对、4 对的双绞线电缆，但在垂直干线子系统中也会用到 25 对、50 对甚至 100 对的大对数电缆，大对数电缆也称为大对数干线电缆，如图 3-2 所示。大对数电缆为 25 线对（或者更多）成束的电缆结构，在外观上看，为直径更大的单根电缆，它同样采用颜色编码进行管理，每个线对束都有不同的颜色编码，同一束内的每个线对又有不同的颜色编码。

护套
缆芯
填充物

图 3-2　大对数电缆

3.1.3　同轴电缆

同轴电缆在 20 世纪 80 年代初的局域网中使用最为广泛，因为那时集线器的价格很高，在一般中小型网络中几乎看不到。所以，同轴电缆作为一种廉价的解决方案，得到广泛应用。然而，在进入 21 世纪的今天，随着以双绞线和光纤为基础的标准化布线的推广，同轴电缆已逐渐退出布线市场。

同轴电缆是由一根空心的外圆柱导体及其所包围的单根内导线所组成。柱体同导线用绝缘材料隔开，其频率特性比双绞线好，能进行较高速率的传输。由于它的屏蔽性能好，抗干扰能力强，通常多用于基带传输，如图 3-3 所示。

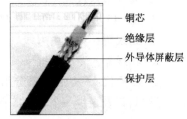

铜芯
绝缘层
外导体屏蔽层
保护层

图 3-3　同轴电缆的内部结构

局域网中常用到的同轴电缆有两种：基带同轴电缆和宽带同轴电缆。基带同轴电缆是特性阻抗为 50 Ω 的同轴电缆（如 RG-8、RG-58），用于传送数字信号。50 Ω 电缆分为粗缆和细缆两种，粗缆传输性能优于细缆。在传输速率为 10 Mbit/s 时，粗缆网段传输距离可达 500～1 000 m，细缆传输距离为 200～300 m。

基带同轴电缆多适用于直接传输数字信号（即基带信号），不需加调制解调器，信号可在电缆上双向传输，数据传输速率一般为 10 Mbit/s，最大数据传输速率可达 50 Mbit/s，其抗干扰能力较好，但仍不能完全避开电磁干扰。每段电缆可支持近百台设备正常工作，加中继器后可接上千台设备。

宽带同轴电缆是特性阻抗为 75 Ω 的 CATV（公用天线电视）电缆（如 RG-59），用于传送模拟信号。宽带同轴电缆由于其通信频带宽，故能将语音、图像、图形、数据同时在一条电缆上传送。宽带同轴电缆的传输距离最长可达 10 km（不加中继器），一般为 20 km（加中继器）。其抗干扰能力强，可完全避开电磁干扰，连接上千台设备。要把计算机产生的数字信号变成模拟信号在 CATV 电缆传输，要求在发送端和接收端加入调制解调器 Modem。对于频率为 400 MHz 的 CATV 电缆，其传输速率为 100～150 Mbit/s。

目前，同轴电缆大量被非屏蔽双绞线或光缆所取代，但仍广泛应用于有线电视和某些局域网中。当前同轴电缆的型号大体有以下几种：

① RG-8 或 RG-11：50 Ω。

② RG-58：50 Ω。

③ RG-59：75 Ω。

④ RG-62：93 Ω。

计算机网络一般选用 RG-8 以太网粗缆和 RG-58 以太网细缆；RG-59 用于电视系统；RG-62 用于 ARCnet 网络和 IBM3270 网络。

现在大多数通信系统都不采用同轴电缆，主要有两个原因：第一，现在同轴电缆的类型繁多，一旦选择错误，将会导致信号的不兼容和通信系统的问题；第二，同轴电缆阻抗级别不同，只能支持单一系统。此外，同轴电缆一直以来都是一种不可靠的通信电缆，同轴电缆安装不当可能会导致电缆短路及其他的信号发射问题。因此，同轴电缆已经逐渐被非屏蔽双绞线和光缆所取代。

3.2 RJ-45 水晶头与双绞线的连接技术

通过上述介绍，我们对综合布线中所遇到的各种传输介质有了整体的了解，以下就具体介绍 RJ-45 水晶头和非屏蔽双绞线（UTP）的连接技术。

3.2.1 基本工具和耗材

① 非屏蔽双绞线（UTP）。

② RJ-45 水晶头：属于耗材，不可回收。

③ 制线钳：主要由剪线口、剥线口、压线口组成，如图 3-4 所示。

④ 剥线器：专用剥线工具，如图 3-5 所示。

⑤ 测通仪：一般由两部分组成，一部分是信号发射器，另一部分是信号接收器，双方各有 4 个信号灯以及至少一个 RJ-45 插槽（有些同时具有 BNC、RJ-11 等测试功能），如 3-6 所示。

图 3-4　线缆制线钳

图 3-5　剥线器

图 3-6　测通仪

3.2.2 接线标准

RJ-45 水晶头和双绞线的连接技术一般有两种接线标准，分别是 EIA/TIA 568A 标准和 EIA/TIA 568B 标准，其基本线序如图 3-7、图 3-8 所示。

① EIA/TIA 568A 的基本线序是绿白、绿、橙白、蓝、蓝白、橙、棕白、棕。

② EIA/TIA 568B 的基本线序是橙白、橙、绿白、蓝、蓝白、绿、棕白、棕。

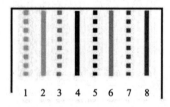
图 3-7　EIA/TIA 568A 标准线序

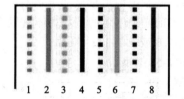
图 3-8　EIA/TIA 568B 标准线序

3.2.3 数据跳线的分类

数据跳线根据连接设备的不同，一般可分为平行双绞线和交叉双绞线：

① 平行双绞线：两端进行制线时均采用统一接线标准，如都采用 EIA/TIA 568A 标准或者都采用 EIA/TIA 568B 标准。此类数据跳线主要用于不同设备之间的级联，如网卡与集线器之间。

② 交叉双绞线：两端进行制线时采用了不同接线标准，此类跳线主要用于同级设备之间的直接连接，如网卡与网卡直接连接、集线器与集线器之间直接连接。

3.2.4　RJ-45 水晶头连接技术具体操作步骤

1. 剥线

使用剥线器，夹住双绞线旋转一圈，剥去 20 mm 左右的外表皮，如图 3-9 所示。

注意：旋转时请不要太用力，防止损坏内部的 4 对双绞线。

2. 去除外表皮

采用旋转的方式将双绞线外套慢慢抽出，如图 3-10 所示。

注意：除去外套层时，请使用中等力度，防止将双绞线拉断。

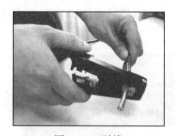
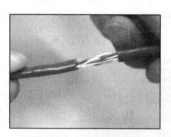

图 3-9　剥线　　　　　　　　　　　　图 3-10　除去外表皮

3. 分开双绞线

将 4 对双绞线分开（见图 3-11），并查看双绞线是否有损坏。如果有破损或断裂的情况出现，则要剪去破损或断裂部分，然后重复上述步骤。

4. 拆分线对

拆开成对的双绞线，使它们不再扭曲在一起，以便能看到每一根线，如图 3-12 所示。

图 3-11　分开双绞线　　　　　　　　　图 3-12　拆分线对

5. 排列线序

将每根线进行排序，使线的颜色与选择的线序标准的颜色相匹配。这里选择的是 EIA/TIA 568B 标准，所以线序为 1 橙白、2 橙、3 绿白、4 蓝、5 蓝白、6 绿、7 棕白、8 棕，如图 3-13 所示。

6. 剪线

剪切线对使它们的顶端平齐，剪切之后露出来的线对长度大约为 14 mm，如图 3-14 所示。

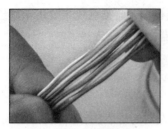

图 3-13　排列线序

图 3-14　剪线

7. 效果图

使用制线钳剪线后，效果如图 3-15 所示。

8. 安装 RJ-45 水晶头

将线对插入 RJ-45 水晶头，确认所有的线对对好了针脚。线对在 RJ-45 水晶头部能够见到铜芯，外护套应进入水晶头内。如果线对没有排列好，则进行重新排列。要求认真仔细地完成这一步工作，如图 3-16 所示。

图 3-15　效果图

图 3-16　安装水晶头

9. 准备工作

使用制线钳的压线口，将 RJ-45 水晶头固定在压线口，准备压制，如图 3-17 所示。

注意：不同的制线工具在使用时会有不同的压制口供选择，请在使用前注意工具使用说明。

10. 压制

将 RJ-45 水晶头和电缆插入压接工具中。紧紧握住把柄并将这个压力保持 3 s。压接工具可以把线对压入 RJ-45 水晶头并将 RJ-45 水晶头内的针脚压入 RJ-45 水晶头内的线对上。同时，压接工具把塑料罩压入电缆外皮，保护 RJ-45 水晶头内电缆的安全，如图 3-18 所示。

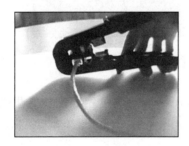

图 3-17　准备工作

图 3-18　压制

11. 完成

压接完后，把 RJ-45 水晶头从压接工具上取下来，并进行检查。确认所有的导线都连接起来，并且所有的针脚都被压接到各自所对应的导线内。如果有一些没有完全压入导线内，再将 RJ-45 水晶头插入压接工具并重新进行压接，如图 3-19 所示。

12．数据跳线测通

使用测通仪检查跳线制作是否正确，将跳线分别插到测通仪的信号发射端和信号接收端，按"启动测试"按钮开始测通，如图 3-20 所示。

图 3-19　制作完成

图 3-20　开始测通

3.3　大对数电缆连接技术

大对数电缆也称大对数干线电缆，主要用于垂直干线子系统，与 110 配线架进行搭配使用，以下就以 25 对大对数电缆为例进行具体操作施工介绍。

3.3.1　基本工具和耗材

大对数电缆在进行施工时需要以下工具和耗材，如图 3-21 所示。

① 25 对大对数电缆。

② 110 配线架。

③ 5 对 110 打线刀。

④ 刀片。

微课

大对数电缆
安装

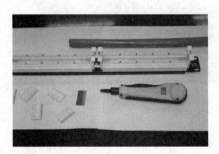

图 3-21　工具和耗材

3.3.2　接线标准

25 对大对数电缆的颜色编码分为主色（白—红—黑—黄—紫）和副色（蓝—橙—绿—棕—灰），将主副色按照顺序两两搭配，就能形成 25 种颜色，即白蓝、白橙、白绿、白棕、白灰、红蓝、红橙、红绿、红棕、红灰、黑蓝、黑橙、黑绿、黑棕、黑灰、黄蓝、黄橙、黄绿、黄棕、黄灰、紫蓝、紫橙、紫绿、紫棕、紫灰。

3.3.3　大对数电缆连接技术具体操作步骤

1．剥除外表皮

使用美工刀或者刀片剥去大对数电缆的外表皮，剥除长度应在 23～25 cm，如图 3-22 所示。

2．剥除聚酯带

使用美工刀或者刀片剥去大对数电缆的聚酯带，但保留 0.5～1 cm 的长度，如图 3-23 所示。

图 3-22　剥除外表皮

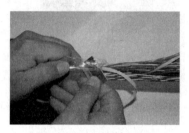

图 3-23　剥除聚酯带

3．配色排序

以 25 对大对数电缆为例，颜色编码分为主色（白、红、黑、黄、紫）和副色（蓝、橙、绿、棕、灰），将主副色按照顺序两两搭配，就能形成 25 种颜色，如白蓝、白橙、白绿、白棕、白灰等，并将线缆逐一卡入到 110 配线架的 V 字槽内，如图 3-24 所示。

4．多余线缆处理

使用打线刀将电缆卡入 110 配线架的 V 型槽内，并使用剪刀等工具剪去多余线缆，如图 3-25 所示。

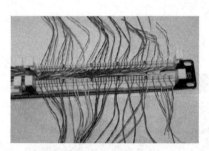

图 3-24　排列线序

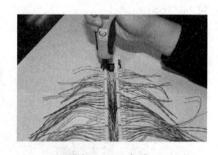

图 3-25　卡线

5．完成打线

多余线缆完成处理后，如图 3-26 所示。

6．配套模块安装

使用 5 对打线刀将 110 配线架配套模块插卡入到 110 配线架中，如图 3-27 所示。

7．标签条安装

完成打线和配套模块安装后，可安装标签条以方便记录相关标签信息，如图 3-28 所示。

8．成品

标签条安装完成后（见图 3-29），整个 110 配线架一般可卡接 100 对线缆。

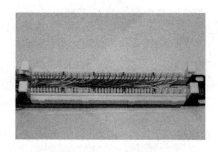

图 3-26　完成打线

图 3-27　模块安装

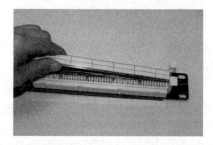

图 3-28　标签条安装

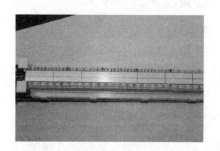

图 3-29　成品

3.4　铜缆模块压制技术

信息模块根据传输的数据不同可以分为语音信息模块和数据信息模块，主要安装在工作区子系统的信息面板上，承担连接工作区和水平干线的作用。此外，根据连接的线缆不同信息模块还可以分为非屏蔽模块和屏蔽模块，具体如图 3-30 所示。以下分别对语音模块、超五类非屏蔽模块、六类非屏蔽模块、超五类屏蔽模块的压制技术进行详细介绍。

图 3-30　各类信息模块

3.4.1　基本工具和耗材

基本工具和耗材如图 3-31 所示，主要包括：
① 打线刀。
② 剥线器。
③ 超五类非屏蔽双绞线、超五类屏蔽双绞线、六类非屏蔽双绞线。
④ 语音模块、超五类非屏蔽模块、六类非屏蔽模块、超五类屏蔽模块。

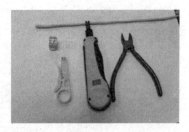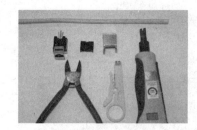

图 3-31　基本工具和耗材

3.4.2　各类模块压制技术

1．语音模块压制技术

（1）准备工具

在进行语音模块压制时需要准备的工具包括剥线器、语音模块，如图 3-32 所示。

（2）剥线

使用剥线器剥除语音线外表皮 3~4 cm，剥线时不宜过度用力，防止损伤线芯，如图 3-33 所示。

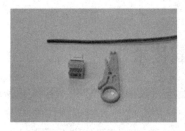

图 3-32　准备工具　　　　　　　　　　图 3-33　剥线

（3）穿线

将语音线根据线序穿入模块对应槽口，如图 3-34 所示。

（4）固定压线盖

由于采用的语音模块为免打压模块，因此在穿线完成后，只需要将压线盖用力向下按紧即可。压线盖有压紧线缆防灰尘和保护线缆的作用，成品如图 3-35 所示。

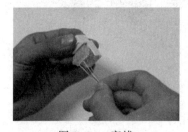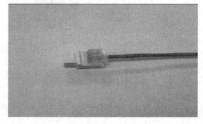

图 3-34　穿线　　　　　　　　　　　　图 3-35　成品

2．超五类非屏蔽模块压制技术

（1）准备工具

在进行压制前首先必须准备相关工具，如图 3-36 所示。

微课

超五类非屏蔽
模块

（2）将双绞线的外表皮剥除

使用剥线器，夹住双绞线旋转一圈，剥去 3～4 cm 的外表皮，如图 3-37 所示。

注意：旋转时请不要太用力，防止损坏内部的 4 对双绞线。

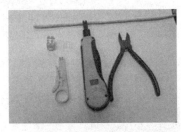

图 3-36　准备工具

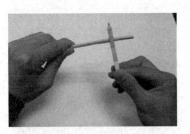

图 3-37　剥除外表皮

（3）准备工作

将 4 对双绞线分开，并查看双绞线是否有损坏。如果有破损或断裂的情况出现，则要重复上述 2 个步骤，如图 3-38 所示。

（4）拆分线对

拆开成对的双绞线，使它们不再扭曲在一起，以便能看到每一根线，并准备将线卡入到超五类模块中，如图 3-39 所示。

图 3-38　准备工作

图 3-39　拆分线对

（5）排列线序

根据所使用模块色标排列线序，将正确的线对卡入对应的槽中，卡线时要注意线对之间的绞距，如图 3-40 所示。

（6）卡线

排好线序以后，使用打线刀将多余的双绞线进行切除，如图 3-41 所示。

注意：使用打线刀时要求打线口朝外，一手按住模块，另一手进行切线。

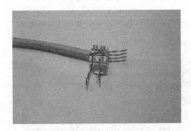

图 3-40　排列线序

图 3-41　卡线

（7）成品

使用打线刀处理多余线缆后，安装防尘盖，完成对超五类模块的压制工作，如图 3-42 所示。

3．六类非屏蔽模块压制技术

（1）将双绞线的外表皮剥除

使用剥线器，夹住双绞线旋转一圈，剥去 3～4 cm 的外表皮，并使用剪刀剪去线缆的撕裂线，如图 3-43 所示。

微课

六类非屏蔽
模块

图 3-42　成品

图 3-43　剥线

（2）剪除十字骨架

使用剪线钳剪去六类非屏蔽线缆中的十字骨架，注意剪除完成后，十字骨架应留 0.1～0.2 cm，如图 3-44 所示。

（3）排线

根据六类模块的模块色标进行排线，并将线缆卡入到模块卡槽中，卡线时需注意线对之间的绞距不宜过大，如图 3-45 所示。

图 3-44　剪除十字骨架

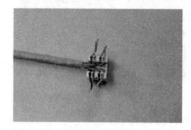

图 3-45　排线

（4）卡线

排好线序以后，使用打线刀将多余的双绞线切除，如图 3-46 所示。

注意：使用打线刀时要求打线口朝外，一手按住模块，另一手进行切线。

（5）成品

完成卡线后，如图 3-47 所示。

图 3-46　卡线

图 3-47　成品

（6）安装防尘盖

在模块上安装防尘盖，保护模块，如图 3-48 所示。

4. 超五类屏蔽模块压制技术

（1）准备工具

在进行压制前首先必须准备相关工具，如图 3-49 所示。

微课

超五类屏蔽
模块

图 3-48　安装防尘盖

图 3-49　准备工具

（2）剥除外表皮

使用剥线器，夹住双绞线旋转一圈，剥去 3～4 cm 的外表皮，剥线时应把屏蔽层一起剥除，如图 3-50 所示。

（3）处理接地线

使用剪刀剪去聚酯带，但应保留 0.1～0.2 cm，接地线向后弯曲，如图 3-51 所示。

图 3-50　剥除外表皮

图 3-51　处理接地线

（4）连接模块

将屏蔽模块的金属条插入线缆的屏蔽层与外护套之间，如图 3-52 所示。

（5）排线

根据模块线序色标进行线缆的排线操作，如图 3-53 所示。

图 3-52　连接模块

图 3-53　排线

（6）卡线

排好线序以后，使用打线刀将多余的双绞线切除，如图 3-54 所示。

（7）成品

由于使用的是屏蔽模块，因此在进行卡线时特别需要注意线对之间的绞距，不宜过大，如图 3-55 所示。

图 3-54　卡线

图 3-55　成品

（8）安装压线盖

打线完成后将压线盖对应好模块卡口向下扣紧，压线盖可以起到固定线缆的作用，如图 3-56 所示。

（9）安装金属屏蔽外壳

将金属屏蔽外壳对应模块卡口向前向下卡紧，如图 3-57 所示。

图 3-56　安装压线盖

图 3-57　安装金属屏蔽外壳

（10）固定接地线

将接地线围绕着线缆弯曲，并使用绑扎带绑定线缆，并剪去多余的扎带，如图 3-58 所示。

（11）成品

完成接地线固定后，就完成了超五类屏蔽模块的压制工作，如图 3-59 所示。

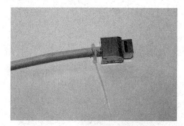
图 3-58　固定接地线

图 3-59　成品

3.5　配线架安装技术

数据配线架是用来端接四线对水平电缆的连接硬件设备。目前，一般可分为铜缆配线架和光缆配线架。配线架一般安装在标准的通信支架上，也可以安装在标准机柜内。配线架一般安装在支架的上部，并且一般和理线器配合使用。

随着综合布线技术的发展，配线架自身也在沿着高密度、易管理和易安装的方向不断地发展，下面就针对这几个发展趋势进行简要介绍。

1. 密度越来越高

随着网络应用的普及和深入，高端口密度成为很多网络设备发展的一个方向（如 24 端口甚至 48 端口的交换机已经非常普及），这就需要在机架中支持尽可能多的端口。为了满足这一需要，高端口密度的配线盘诞生了。24 端口、48 端口甚至 96 端口的配线盘已经并不稀罕，并且配线盘也越来越薄，1U、2U 的高度就可以达到上述这些端口。

为了提高端口密度，将配线盘设计成具有一定角度（即斜角）也是一种有效方法。这样就可以充分利用机柜的深度，因为在长度固定的情况下，直线型的配线盘（平角）显然没有"拐个弯"的配线盘能够提供的端口多。并且，斜角设计可以在机架中实现正确的跳线弯曲半径，最大限度地降低水平管理需求，为高密度应用提供了更好的空间。现在，很多厂商都推出了这类产品。

2. 管理越来越强

网络系统的管理和安全越来越得到重视，在网络规模逐渐变大的今天，对网络的可管理提出了更高的要求，综合布线系统的智能管理也日益提到日程上来。为了更好地实现综合布线系统的智能管理，除了相应的软件外，配线盘自身的可管理也是非常重要的一环。管理能力好的配线盘能够让网线布置得更系统化、规范化和合理化，从而避免"炒面式"线缆的发生，这在配线盘端口密度越来越高的今天就越发显得重要。

具体来讲，配线盘的管理能力除了具有专有的管理系统外，在设计上的一些细节方面也有所体现，如线序方面，配线盘具有双色码来支持 568A/B 线序，并且，每个配线盘端口表面带有数字或模拟类别标识。用户也可以选择端口标识图标以及配线盘标识标签。

3. 安装越来越易

安装水平高低对综合布线系统的性能影响很大，而配线盘自身的安装以及各种线缆、光纤在配线盘中的跳接又是所有安装中重要的一环，因此，把配线盘设计成更加方便安装也就成为了发展趋势。

超五类屏蔽配线架安装操作步骤：

（1）准备工具

在进行配线架安装前，首先需要准备的工具包括剥线器、剪刀等，如图 3-60 所示。

（2）剥除外表皮

使用剥线器，夹住双绞线旋转一圈，剥去 3～4 cm 的外表皮，剥线时不要把屏蔽层一起剥除，如图 3-61 所示。

微课

超五类屏蔽
配线架

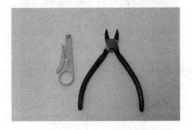

图 3-60　工具准备

图 3-61　剥除外表皮

（3）剪去聚酯带

使用剪刀剪去聚酯带，但应保留 0.4～0.5 cm，并将屏蔽层向后翻，剪去撕裂绳，如图 3-62 所示。

（4）拆分线对

将线对拆分，并将十字骨架裸露出来，如图 3-63 所示。

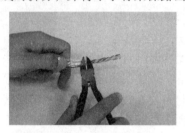

图 3-62　剪去聚酯带

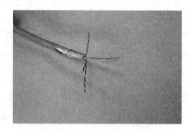

图 3-63　拆分线对

（5）识别配线架色标

将线打到装在配线架的模块上，要注意配线架上的模块颜色指示，注意每种品牌的色标可能略有不同。根据配线架上的色标将电缆一一对应地排入，将每根线按照色标上所示，压入相应的槽中，如图 3-64 所示。

（6）使用打线刀打线

使用打线工具进行操作，打线时用左手扶住配线架，右手手臂与打线刀水平，打线刀后座抵在手心内，打线时，声音应该清脆响亮，线头应该飞出线架，如图 3-65 所示。

图 3-64　卡线

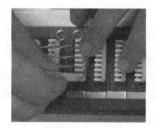

图 3-65　打线

（7）完成打线

在打线时应注意线对之间的绞距，完成打线的效果如图 3-66 所示。

（8）剪去多余线缆

使用剪刀剪去多余线缆，如图 3-67 所示。

图 3-66　完成打线

图 3-67　剪去多余线缆

（9）安装配线架压线盖

完成线缆的打线上架操作后，需要安装屏蔽配线架的压线盖，将压线盖的螺孔对准螺钉并扣紧，如图 3-68 所示。

（10）成品

完成所有线缆的打线上架操作，并安装配线架压线盖后，可以将配线架安装到相应的标准机柜中，如图 3-69 所示。

图 3-68　安装压线盖　　　　　　　　　图 3-69　成品

上述介绍的都是传统配线架，其考虑更多的是布线性能、产品质量以及布线的稳定性，但其面对布线工程人员和 IT 管理人员方面明显存在不足之处。由此产生了一款全新的配线架，即电子配线架，该类配线架在满足原有布线性能的基础上，弥补了布线管理上的不足，将软件、硬件进行了有机的结合，实现了智能化管理。以下就以天诚 iScan 电子配线架为例进行简单介绍，如图 3-70 所示。

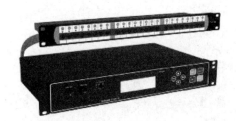 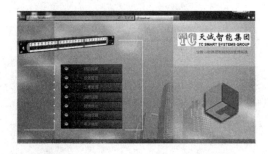

图 3-70　电子配线架系统

天诚 iScan 电子配线架管理系统是目前唯一兼容端口型和链路型的电子配线架系统，组态方式灵活，视需求弹性配置。这是唯一能把常规配线系统在不中断网络情况下快速而简便升级成电子配线架的系统。

天诚 iScan 电子配线架管理系统是以智能监测端口为切入点，全方位地管理整个综合布线系统；由硬件和软件共同组成。硬件的作用是对跳接的端口或链路连接进行实时监测；软件的作用是对物理连接进行配置，对硬件监测的数据进行采集、分析和存档。其功能特点主要包括：

① 兼容端口型及链路型管理方式。链路型采用 9 芯跳线；端口型采用一般跳线。

② 文档自动生成。监控模式下，管理人员对端口进行跳接时，感应信号自动传输到管理服务器上，系统自动对位于管理服务器上的数据库做相应的修改。

③ 历史记录随意查询。系统软件具有查询历史记录功能，使管理人员对端口变动历史一

清二楚，从而辅助相关部门提供人员的变动历史数据。当然，为了避免数据库的无限增大，其历史数据保留周期可以由管理人员设定。

④ 端口 LED 指示灯引导。天诚 iScan 电子配线架每个端口上配有 LED 指示灯。管理人员在服务器端发出修改指令后，现场配线架端口的 LED 指示灯会指引管理人员跳接相对应端口。

⑤ 交换机端口管理清晰。由于有效的端口管理，使端口和终端一一对应，从而能最大限度利用交换机端口，节省设备成本。

⑥ 非法线路破坏自动报警。在综合布线系统中，跳线是最容易被破坏的，天诚 iScan 电子配线架管理系统具备链路中断自动报警并以平面图显示中断位置的功能。

⑦ 远程化管理。天诚 iScan 电子配线架系统具备远程管理功能，即无论管理人员在什么地方，只要他有条件接入到系统中就可以对系统进行管理。对一些有分支机构的用户，可实行由总部集中管理，从而省却分支机构的管理人员。

⑧ 辅助网络安全。IP 地址和端口的 MAC 准确匹配，在网络遭受黑客攻击或网络中某台计算机遭受病毒感染时，通过其 IP 与 MAC 地址，能迅速找到端口位置。

⑨ 链路显示。模拟链路显示，使管理人员一目了然，如图 3-71 所示。

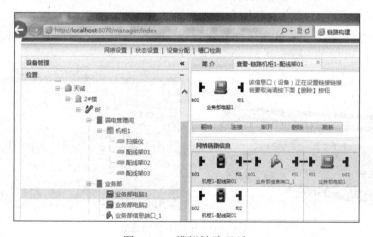

图 3-71　模拟链路显示

⑩ 机柜仿真。现场机柜仿真，进行直观式的管理。

⑪ 断电再启动，数据自动恢复；充分保障数据安全性。

系统断电后再重新启动，只要数据库没有被破坏，所有数据就能即时恢复，无须重新输入或重新初始化。

基于上述优点，电子配线架必定是未来综合布线工程中的首选。当综合布线工程规模较大时，即信息点数量较多时，引入电子配线架，必定可以减少出错概率，提高管理效率，降低管理难度。其在安全性上的突出表现，也将是用户选择该产品的重要依据，远程管理模式也将大大提高工作人员的工作效率，减少维护工作量。目前唯一制约该产品批量使用的原因就是成本问题，但随着材料成本的降低，以及新技术的引用，未来电子配线架产品必定会作为综合布线工程项目中必选的产品，而被广泛使用。

3.6　标准机柜拆装技术

标准机柜拆装包括三部分，分别是①机柜布局设计；②机柜整体安装；③机柜内布线理线操作。具体操作步骤如下：

1．整体设计

根据实际需要对机柜进行整体设计，包括理线器、配线架、隔板等布线配件的数量位置布局等相关内容的确定，如图 3-72 所示。

2．拆卸机柜侧面板

在进行机柜设备安装前建议将机柜的侧面板进行拆卸，方便设备的安装和布局的整体设计，如图 3-73 所示。

图 3-72　整体布局设计

图 3-73　机柜侧面板拆卸

3．拆卸机柜前后面板

拆卸机柜前后面板，使机柜只保留基本框架，如图 3-74 所示。

4．安装固定螺母

在机柜设备安装前需要安装固定方螺母，一般 2 个螺母为 1U 空间，如图 3-75 所示。

5．安装交换设备

在机柜中一般需要安装交换设备，通过整体布局可将交换设备安装在适当的位置，如图 3-76 所示。

6．安装理线器

在机柜的布局设计中一般会配备理线设备，即理线器，该设备可对各类连接线进行整合，一般情况下理线器与交换设备、配线架成对出现，即一个交换机配一个理线器，一个配线架配一个理线器，如图 3-77 所示。

图 3-74　拆卸前后面板

图 3-75　安装固定螺母

图 3-76　安装交换设备

图 3-77　安装理线器

7. 安装配线架

在机柜中一般会安装多个配线架用于连接水平子系统的电缆，配线架一般可以分为五类配线架和六类配线架，如图 3-78 所示。

8. 安装光纤配线盘

为连接室外光缆一般需要在机柜中安装光纤配线盘。光纤配线盘的作用是将室外光缆引入室内，一般可分为机架式、机柜式和壁挂式 3 种，安装方式如图 3-79 所示。

图 3-78　安装配线架

图 3-79　光纤配线盘安装

9. 110 安装配线架

作为管理间、设备间的重要设备，机柜中必定会连接大对数电缆，这时就需要安装 110 配线架，如图 3-80 所示。

10. 理线、排线操作

根据连接的配线架不同，使用不同的连接跳线将配线架与交换设备进行连接，注意连接端口必须一致统一，并进行排线、理线操作，完成后安装理线器盖板，如图 3-81 所示。

图 3-80　安装 110 配线架

图 3-81　理线、排线操作

11．安装面板

理线、排线完成后，可安装机柜侧面、前后面板，如图 3-82 所示。

12．完成拆装

相关交换设备、配线设备、理线器、光纤配线盘、110 配线架等安装完成后，进行理线、排线操作，安装机柜面板，即完成了整个机柜的拆装操作，成品如图 3-83 所示。

图 3-82　安装面板

图 3-83　安装完成

习　题

1．双绞线是最常见的传输介质，为了便于管理和安装，每对双绞线都有颜色标识，4 对双绞线的颜色分别是_____。

2．按照结构分类，可将双绞线电缆划分为_____和_____。

3．25 对大对数电缆的颜色编码可分为主色和副色，主色是指_____，副色是指_____。

4．基带同轴电缆是特性阻抗为_____欧姆的同轴电缆（如 RG-8、RG-58），用于传送_____。50 Ω 电缆分为_____和_____两种。

5．宽带同轴电缆的特性阻抗为_____欧姆的 CATV（公用天线电视）电缆（如 RG-59），用于传送_____。

6．简述非屏蔽双绞线和屏蔽双绞线的区别。

7．简述 EIA/TIA 568A 标准和 EIA/TIA 568B 标准的基本线序。

8．简述平行双绞线和交叉双绞线的区别。

9．简述超 5 类屏蔽模块的基本压制步骤。

10．简述 5 类、超 5 类、6 类、超 6 类、7 类双绞线的电缆特性。

第 4 章 光纤解决方案及施工技术

本章介绍了光纤的基本结构、类型和特点，同时对光纤解决方案做了简单介绍。重点介绍了综合布线系统施工中涉及光缆产品的各类施工技术，具体包括光纤研磨技术、光纤熔接技术、光纤快速端接技术等。

4.1 光纤基本概述

4.1.1 光纤结构

由于光纤通信具有一系列优异的特性，光纤通信技术近年来发展速度无比迅速。可以说这种新兴的技术是世界新技术革命的重要标志，也是未来信息社会中各种信息网的主要传输工具。

光纤是光导纤维的简称，是由一组光导纤维组成的用于传播光束的、细小而柔韧的传输介质。它是用石英玻璃或者特制塑料拉成的柔软细丝，直径在几微米（光波波长的几倍）到 120μm。就像水流过管子一样，光能沿着这种细丝在内部传输。光纤的构造一般由三部分组成：涂覆层、包层、纤芯，如图 4-1 所示

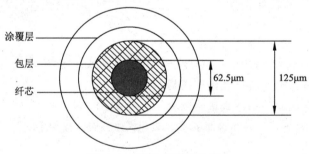

图 4-1　光纤内部结构图

光纤传输系统中直接使用的是光缆而不是光纤，光纤最外面常有缓冲层或外套，外套的材料大都采用尼龙、聚乙烯等。一根光缆由一根至多根光纤组成，外面再加上保护层，光缆中的光纤数有 1 根、2 根、4 根、6 根、24 根、48 根，或者更多，一般单芯光缆和双芯光缆用于光纤跳线，光缆的结构如图 4-2 所示。

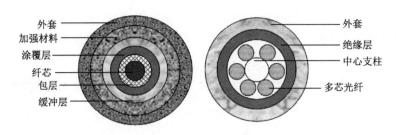

图 4-2　单芯光缆和多芯光缆内部结构

1．纤芯

纤芯位于光纤的中心部位，其成分是高纯度的二氧化硅，此外还掺有极少量的掺杂剂，如五氧化二磷等，掺有少量掺杂剂的目的是适当提高纤芯的光折射率（n_1）。

2．包层

包层位于纤芯的周围，其成分也是含有极少量掺杂剂的高纯度二氧化硅。而掺杂剂（如三氧化二硼）的作用则是适当降低包层的光折射率（n_2），使之略低于纤芯的折射率。

3．涂覆层

涂覆层是由丙烯酸酯、硅橡胶和尼龙组成，其作用是增加光纤的机械强度和可弯曲性。

4．缓冲层

围绕涂覆层的是缓冲层，其成分通常是塑料，用来保护纤芯、包层和涂覆层。

5．加强材料

围绕缓冲材料的是加强材料，用于保护光缆在安装时不被拉坏，所使用的材料通常是Kevlar（凯夫拉尔），与防弹背心的材料相同。

6．外套

最外的一层是光缆的外套，用来保护光纤不被磨损、溶解或者受其他损害。

在光纤内部一共有两种光折射率，纤芯的折射率为 n_1，包层的折射率为 n_2，由于所掺的杂质不同，使得包层的折射率略低于纤芯的折射率，即 $n_2 < n_1$。在石英玻璃光纤中，包层的折射率仅比纤芯层的折射率略低一点，按几何光学的全反射原理，光线被束缚在纤芯中进行传输。

4.1.2　光纤类型

目前光纤的种类繁多，具体的分类方式如下：

① 根据使用的环境分类可以分为室内光纤和室外光纤。

② 根据传输模式分类可以分为单模光纤和多模光纤。

③ 根据颜色分类可以分为黄色、橙色、黑色，其中黄色多为室内单模光纤、橙色多为室内多模光纤，黑色多为室外光纤。

④ 根据光缆的结构可以分为层绞式光纤、中心管式光纤、自承式光纤和骨架式光纤。

在上述光纤分类方式中，最常见的划分方式是将光纤分为单模光纤和多模光纤，光纤中光线通过的部分称为光纤纤芯。并不是任何角度的光都能进入纤芯的，要进入纤芯，光线的入射角必须在光纤的数值孔径范围内。一旦光线进入了纤芯，其在纤芯中可以使用的光路数也是有限的，这些光路称为模式。如果光纤的纤芯很大，光线穿越光纤时可以使用的路径很多，光纤就称为多模光纤。如果光纤的纤芯很小，光线穿越光纤时只允许光线沿一条路径通过，这类光纤就被称为单模光纤。单模光纤和多模光纤的特性比较如表4-1所示。

表 4-1　单模光纤和多模光纤的特性比较

特　　性	单 模 光 纤	多 模 光 纤
纤芯大小	8～10 μm	50 μm、62.5 μm 或更大
模间色散	可避免模间色散	存在模间色散
距离特性	适合长距离传输	适合短距离传输
光源	激光	发光二极管

1．单模光纤

所谓单模光纤（Single Mode Fiber）就是指在给定的工作波长上只能传输一种模态，即只能传输主模态，其内芯很小，为 8～10 μm。由于只能传输一种模态，就可以完全避免模态色散，使得传输频带很宽，传输容量很大。这种光纤适用于大容量、长距离的光纤通信。它是未来光纤通信和光波技术发展的必然趋势，其结构如图4-3所示。

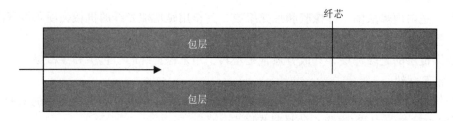

图 4-3　单模光纤结构示意图

2．多模光纤

所谓多模光纤（Multi Mode Fiber）就是指在给定的工作波长上，能以多个模态同时传输的光纤。多模光纤能承载成百上千的模式，由于不同的传输模式具有不同传输速度和相位，因此在长距离的传输之后会产生延时，导致光脉冲变宽，这种现象就是光纤的模式色散（或模间色散）。由于多模光纤具有模式色散的特性，使得多模光纤的带宽变窄，降低其传输的容量，因此仅适用于较小容量的光纤通信，其结构如图4-4所示。

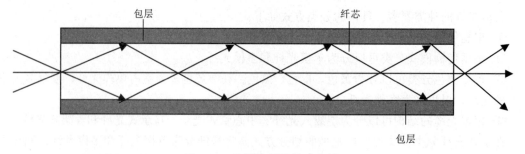

图 4-4　多模光纤结构示意图

国际上流行的布线标准 EIA/TIA-568A 和 ISO 11801 推荐使用 3 种光纤：62.5/125μm 多模光纤、50/125μm 多模光纤和 8.3/125μm 单模光纤。

4.1.3　光纤的优缺点

与其他传输介质相比较，光纤通信有以下优点：

① 传输频带宽，通信容量大。

② 光纤的电磁绝缘性能好，不受电磁干扰影响。光缆中传输的光束，由于光束不受外界电磁干扰与影响，而且本身也不向外界辐射信号，因此它适合长距离的信息传输以及要求高度安全的场合。

③ 信号衰变小，传输距离较大，可以说在较长距离和范围内信号是一个常数。

④ 保密性高。

⑤ 中继器的间隔较大，因此可以减少整个通道中继器的数量，降低成本。

⑥ 线径细，重量轻。由于光纤的线径很小，光纤成品要比金属电缆细，重量也要轻。

⑦ 抗腐蚀。

⑧ 制造原料丰富。光纤的主要成分是石英，因此制造光纤的材料资源丰富，制造成本也很低。

由于以上优点，光纤成为了各种有线传输介质的首选。目前，它主要是在要求传输距离较长、布线条件特殊的情况下用于主干网的连接。将来可用于水平布线以达到"千兆交换到桌面"的应用。

与其他传输介质相比较，它也有以下缺点：

① 光纤纤芯质地较脆、机械强度低，易折断。

② 光纤的安装和连接相对困难，需要由专业技术人员完成。

③ 与铜线连接，需要专用的信号转换设备。

④ 光纤的价格比较昂贵。

4.1.4　光纤施工的安全性问题

无论进行光纤研磨操作、光纤熔接操作，还是光纤快速端接操作，都应该注意安全性问题。

光纤犹如人类的头发一样细小。由于光纤是由玻璃组成且具有锋利的边缘，在操作时要小心，避免皮肤受到伤害。曾经有人因为光纤刺入血管而死亡，因为光纤不容易被 X 光检测到，当光纤进入人体后将随血液流动，一旦进入心脏地带就会引发生命危险。因此，在进行光纤研磨和熔接操作时，应采取必要的保护措施，以下简单介绍几种保护装置。

1. 安全的工作服

穿上合适的工作服，会增强你的安全感，放心地和其他人一起高效率地工作。一般情况下，在研磨实验中要求穿着长袖的，面料厚实的外衣。

2. 安全眼镜

在一些环境中，带上安全眼镜不仅能保护眼睛，而且能减少意外事故的发生。能防止光纤进入眼睛，在选购安全眼镜时应选择受外力不易破碎或损坏的高质量眼镜。

3. 手套

在进行光纤研磨、熔接等操作时，手套是很有用处的，手套能防止细小的光纤刺入人体，保护操作者的安全。

4. 安全工作区

安全工作区是指进行光纤研磨操作的地点，在选择时应避免选择那些污染严重，有灰尘和污染物的地点，因为在这种地方进行光纤的端接，可能会影响端接的效果。此外，也不能选择那些有风的区作为工作区，因为在这些地方进行光纤的端接存在一定的安全隐患。空气流动会导致光纤碎屑在空气中扩散或被吹离工作区，容易落在工作人员的皮肤上，引起危险。

4.2　光纤研磨技术

光纤研磨技术是指光纤连接器和光纤进行接续，然后进行磨光的过程，这是一项技术含量很高的复杂工艺，所使用的工具和耗材如表 4-2 所示，操作流程如图 4-5 所示。

表 4-2　光纤研磨工具和耗材

工　具　名　称	备　　注	耗　材　名　称	备　　注
光纤剥线钳	剥离光纤护套、涂覆层	ST 头和护套	光纤连接器和保护装置
专用针管	注射混合胶水	多模光纤	光纤的一种类型
冷压钳	进行 ST 头固定操作	光纤研磨砂纸	对 ST 头进行研磨操作
热固化炉	进行胶水快速固化	清洁布	用于端面的清洁
切割刀	处理多余光纤	混合胶水	使 ST 头和光纤连接在一起
光纤研磨盘	进行光纤研磨	双面胶	处理多余光纤
专用显微镜	观察 ST 头端面		
专用剪刀	对光纤进行剪切		

图 4-5　光纤研磨工艺流程图

4.2.1 基本工具和耗材

1. 剥线钳（见图 4-6）

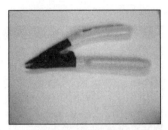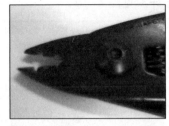

微课

光纤研磨工
艺-工具介绍

图 4-6 剥线钳

说明：剥线钳主要用于将光纤的涂覆层和缓冲层进行剥除，请注意剥线钳有两个锯齿，前一个较大的是用于剥离缓冲层，而后一个较小的则是用于剥离涂覆层。

2. ST 头和护套（见图 4-7）

图 4-7 ST 头和护套

3. 专用注射器（见图 4-8）

图 4-8 专用注射器

说明：专用注射器的用途主要是将混合胶水注入 ST 头内，保证光纤和 ST 头能够紧密连接。

4. 冷压钳（见图 4-9）

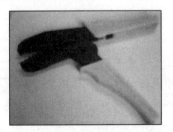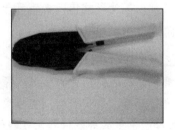

图 4-9 冷压钳

说明：冷压钳的作用主要是通过对金属护套的压制，使光纤和 ST 头能够紧密连接，在进行固定时请注意使用十字固定法。

5．多模光纤（见图 4-10）

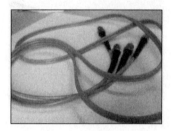

图 4-10　多模光纤

6．16 头热固化炉（见图 4-11）

图 4-11　热固化炉

说明：由于使用的混合胶水未带有速干功能，因此需要借助热固化炉（烘干机）来进行快速固化，保证 ST 头和光纤能尽可能快地黏合在一起，一般固化时间为 10 ~ 15 min。

7．切割刀（见图 4-12）

图 4-12　热固化炉

说明：切割刀的作用主要是当烘干工作完成后，将多余的光纤进行切除，从而保证下一个工序的正常进行，其外形就像一支钢笔一样。

8．光纤研磨专用砂纸（见图 4-13）

说明：在进行光纤研磨时，需要使用到两种粗糙程度不同的砂纸，砂纸的作用是将 ST 头的表面进行研磨，使之达到预期的目标，符合光纤通信的要求。砂纸使用的顺序是由粗到细，先在粗砂纸上进行研磨，当研磨到一定程度后，再使用细砂纸。研磨时请注意使用 8 字研磨法，使 ST 头的每一个角度都能得到充分的研磨。进行研磨时，可在砂纸上倒上少许清水，有润滑作用；研磨是光纤跳线制作过程中的关键步骤，需要耐心、仔细地进行。

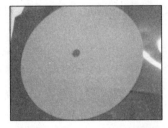
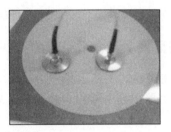

图 4-13　研磨砂纸

9. 光纤研磨盘（见图 4-14）

图 4-14　研磨盘

说明：光纤研磨盘的作用是起到固定的作用，通过研磨盘的固定使得光纤跳线和研磨砂纸一直保持 90°的状态（垂直状态），从而保证研磨能正确地进行。

10. 200 倍专用显微镜（见图 4-15）

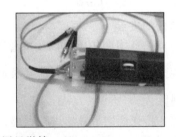

图 4-15　专用显微镜

说明：显微镜的作用主要是在进行研磨时，随时观测 ST 头研磨的平整度，观察是否还需进一步研磨，显微镜内有两节 5 号电池，主要用于给显微镜前端的照明灯提供能源。

11. 专用剪刀（见图 4-16）

图 4-16　专用剪刀

说明：专用剪刀的作用主要是对光纤进行裁剪，控制光纤跳线的长度。

此外，还有一些基本的实验耗材，如专用胶水、专用清洁纸、纯净水、双面胶布等。

4.2.2　光纤研磨具体操作步骤

微课

光纤研磨工艺
-剥光纤操作

1．专用注射器的准备工作

从注射器上取下注射器帽，将附带金属注射器针头插入到针管上，旋转直至锁定，如图 4-17 所示。

注意：要保留注射器帽，以便盖住部分使用的注射器并放入盒中供以后使用。

2．混合胶水（环氧树脂）的配制

将白胶和黄胶以 3∶1 的比例进行调配，并将调配均匀地混合胶水灌入专用针管内，完成后放在一边待用，如图 4-18 所示。

注意：此种混合胶水有一定的使用时限，在 2 ~ 3 h 后会自动干硬，因此要及时使用。

微课

光纤研磨工艺
-研磨操作

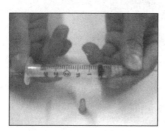

图 4-17　准备注射器　　　　　　　图 4-18　配置混合胶水

3．光纤护套的安装

按正确的方向将压力防护罩（以及护套光纤的压接套）推过光纤，如图 4-19 所示。

注意：在安装光纤护套时，请注意安装的先后顺序。

4．护套剥除

使用剥线钳，将光纤的最外层进行剥离，注意在剥离时将剥线钳和光纤成 45°角，并且在剥线时要注意光纤剥线长度，如图 4-20 所示。

注意：使用剥线钳时不宜用力过猛，以免导致光纤折断。

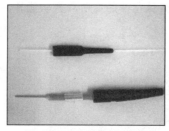
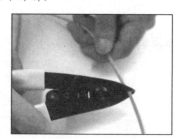

图 4-19　安装压力护套　　　　　　　图 4-20　护套剥除

5．测量长度

按模板所示，用提供的模板卡量出并用记号笔标记缓冲层长度，如图 4-21 所示。

6. 光纤缓冲层剥离

再次使用剥线钳，使用较小的锯齿口，分至少两次剥去缓冲层，如图 4-22 所示。

注意：请先确保工具刀口没有缓冲层屑，如有请事先清理。

图 4-21　测量长度

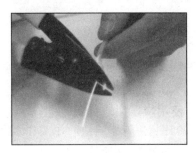
图 4-22　剥离光纤外表皮

7. 去除光纤表面的残余物

剥去缓冲层后，使用专用的干燥无毛屑的清洁纸，将光纤上的任何残余物都擦净，如图 4-23 所示。

注意：必须擦去所有护套残余，否则光纤会无法装入连接器。擦净光纤后切勿再触摸光纤。

8. 将混合胶水注入 ST 头内

抽出连接器的防尘盖，并将注射器的尖端插入 ST 连接器直至稳定。然后，向内注射混合胶水，直至 ST 头的前端出现胶水，就可将注射器慢慢后移，移动的过程中也要注入混合胶水。使整个 ST 头内都充满胶水，这样就能确保光纤和 ST 头能紧密地连接。注意不要注射太多，以防胶水倒流，如图 4-24 所示。

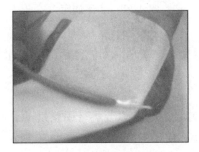
图 4-23　清洁光纤残留物

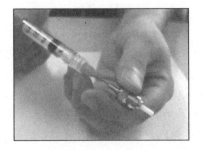
图 4-24　注入胶水

9. 将光纤插入 ST 头内

将光纤插入 ST 连接器内，由于已经注入了胶水，会有一定的润滑作用，但在具体操作时还是要靠个人的手感，直到光纤露出连接器外为止，如图 4-25 所示。

10. 安装金属护套

当成功完成上一步工作后，就可将金属护套上移，使其抵住连接器的肩部，如图 4-26 所示。

注意：金属护套主要是起到固定作用，通过压制，它能将 ST 头和多模光纤紧密地连接在一起。

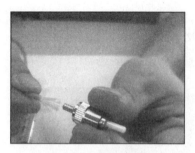

图 4-25　插入光纤

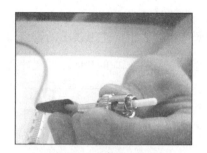

图 4-26　安装金属护套

11．使用冷压钳进行固定

使用冷压钳进行压制，使 ST 头和多模光纤紧密地连接在一起，使用冷压钳时应充分合拢，然后松开，如图 4-27 所示。

12．再一次使用冷压钳进行固定

完成第一次压制后，将 ST 头转一个方向，再进行一次固定，从而确保多模光纤和 ST 头之间连接的紧密性，如图 4-28 所示。

图 4-27　压制

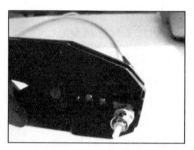

图 4-28　十字固定

13．安装压力防护罩

将压力防护罩上移，直至 ST 头连接器的肩部，使得整个连接部分都能得到保护，如图 4-29 所示。

14．准备热固化

由于采用的是混合胶水，这种胶水并不带有速干功能，因此需要进行固化烘干。这里使用的 16 头热固化炉，在使用前需要进行预热，预热时间大概是 5 min，如图 4-30 所示。

图 4-29　安装压力护套

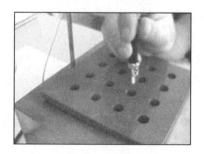

图 4-30　固化准备

15．开始热固化

当预热完成后，将 ST 头插入热固化炉内，开始进行烘干，所需要的固化时间一般是 10 ~ 15 min，如图 4-31 所示。

注意：在将 ST 头插入热固化炉时，请格外小心，防止光纤折断在固化炉内。

16．对多余光纤进行切割

用光纤切割刀的平整面抵住 ST 头前端，要小心地在靠近 ST 头前端和光纤的横断面刻画光纤。请仅在光纤的一面刻画，如图 4-32 所示。

注意：刻画时请勿用力过大，以免光纤断路或产生不均匀的裂痕。

图 4-31 开始热固化

图 4-32 切割多余光纤

17．多余光纤的处理

使用双面胶布将切割下来的多余光纤进行收集，使多余的光纤粘在双面胶布上，并保存在安全的位置，如图 4-33 所示。

注意：光纤碎屑是不容易看到的。如果没有正确地处理，玻璃纤维可能会造成严重伤害；在研磨前请勿碰撞或刷光纤的端面。

18．研磨准备工作

在开始研磨前应先将各种类型的砂纸、研磨盘、清洁纸、护垫、纯净水准备好，如图 4-34 所示。

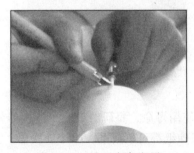

图 4-33 处理多余光纤

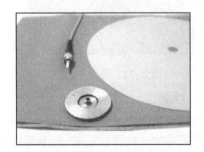

图 4-34 研磨准备工作

19．对光纤头进行初次研磨

ST 连接器用一只手握住，另一只手握住砂纸（1 号砂纸、绿色），进行研磨，如图 4-35 所示。用 ST 头前端，以"8 字"方式轻刷研磨砂纸的糙面，以便将光纤小突起磨成更光滑、更容易研磨的尖端。保持此动作直至尖端几乎与光纤端面齐平。

20. 正式研磨的准备工作

将 ST 连接器插入研磨盘中，并在砂纸（1 号砂纸，绿色）上倒上少许清水（见图 4-36），加水的原因是为了使研磨更加顺畅，然后就可以开始研磨。

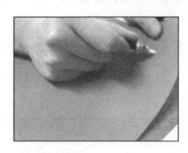

图 4-35　初次研磨

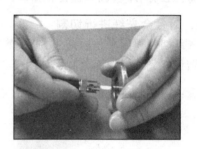

图 4-36　准备正式研磨

21. 开始研磨

轻轻握住 ST 连接器，使用"8"字研磨方式开始进行研磨，应掌握研磨的力度，防止光纤产生碎裂，如图 4-37 所示。研磨一段时间后，就应使用显微镜进行观察，查看端面是否平整，是否可进行细磨。

22. 开始细磨

轻轻握住连接器，砂纸（2 号砂纸，黄色）上施以中等压力并以 50～75 mm 的"8 字"方式研磨 25～30 转，如图 4-38 所示。

注意：勿过度研磨，切勿用力过大。研磨一段时间后，也应使用显微镜进行观察，查看端面是否平整，是否已经符合要求。

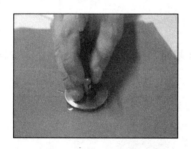

图 4-37　开始研磨

图 4-38　细磨

23. 研磨

要优化连接器光学性能同时尽量延长研磨砂纸的使用寿命，每研磨 14 个连接器就使用砂纸的不同部位。使用砂纸的 5 个部位可以保证每张砂纸都可以研磨 70 个连接器。另外，尖端上黏合剂的量、"8 字"的大小，以及研磨压力大小都会影响砂纸寿命，如图 4-39 所示。

24. 研磨后清洗连接器端面

研磨结束后，需要使用清洁布将连接器的端面进行擦拭，将研磨时所遗留下来的纯净水、灰尘等一并除去，如图 4-40 所示。

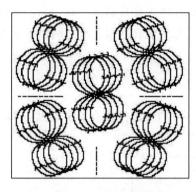

图 4-39 研磨纸的使用

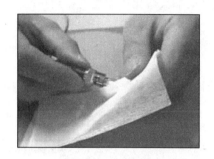

图 4-40 清洁端面

25．使用显微镜进行观察

用显微镜观察研磨后的连接器端面，以确保在光纤上没有刮伤、空隙或碎屑。如果研磨质量可以接受，须将防尘帽盖到连接器上，以防止光纤损坏，如图 4-41 所示。

26．研磨设备的清洗保存

从研磨盘上取下连接器，并使用浸润了 99%试剂级无水酒精的无毛屑抹布或浸透酒精的垫子清洁连接器和研磨盘。在储存前务必用蒸馏水或无离子水彻底冲洗砂纸的表面以保证砂纸下次使用时处于最佳状态，如图 4-42 所示。

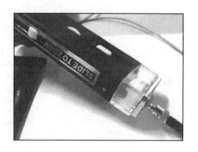

图 4-41 显微镜观察

27．成品

通过上述步骤完成两个 ST 头的研磨后，通过测试的光纤跳线，就能使用在各种网络通信中，如图 4-43 所示。

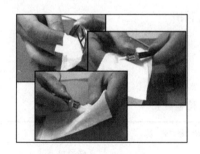

图 4-42 清洁设备

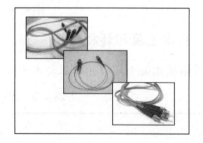

图 4-43 成品

4.3 光纤熔接技术

光纤之间的相互连接，称为光纤的接续，其常用的连接技术有两类：其一为光纤的拼接技术；其二为光纤的端接技术。光纤的拼接技术是将两段断开的光纤永久性地连接在一起，这类拼接技术又有两种：一种为熔接技术；另一种为机械拼接技术。光纤的端接技术和拼接不同，它使用光纤连接器对需要进行多次插拔的光纤连接部位进行接续，属于活动性的光纤连接，其要求插入损耗小、体积小、拆装重复性好、可靠性强，并且相对价格便宜。

光纤熔接技术是在高压电弧的作用下将两根需要熔接的光纤重新融合在一起。熔接是把两根光纤的端头熔化后才能连接到一起。光纤熔接后，光线能在两根光纤之间以极低的损耗传输，一般小于 0.1 dB。

4.3.1 熔接流程

光纤熔接技术是一项技术含量很高、操作要求很严格的工作。操作流程图如图 4-44 所示。

图 4-44 光纤熔接流程图

4.3.2 基本工具和耗材

光纤熔接相关工具和耗材如表 4-3 所示。

表 4-3 光纤熔接相关工具和耗材

工 具 名 称	备 注	耗 材 名 称	备 注
开缆工具刀	剥开光缆外表皮	尾纤	光纤熔接
熔接机	熔接光纤	清洁布	清洁光纤屑
光纤切割刀	光纤端面切割	热缩套管	保护熔接光纤
光纤剥线钳	剥除光纤外表层	酒精棉	清洁光纤

1. 熔接机（见图 4-45）

说明：熔接机是专门用于光纤熔接的工具，这种设备可以进行高压放电，在两根光纤的连接处形成高压电弧，把光纤熔接在一起。

图 4-45　光纤熔接机

2. 光纤切割刀（见图 4-46）

图 4-46　光纤切割刀

说明：切割刀的作用是将光纤的端面进行切割，使其保持平整。

3. 光纤剥线钳（见图 4-47）

图 4-47　光纤剥线钳

说明：在进行光纤熔接前，同样需要将光纤的外表皮和涂覆层剥离，这就需要使用光纤剥线钳进行剥离处理。

4. 热缩套管和尾纤（见图 4-48）

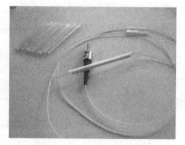

图 4-48　热缩套管和尾纤

说明：热缩套管的主要作用是对熔接连接处起到保护作用。

5. 开缆刀和光纤工具箱（见图 4-49）

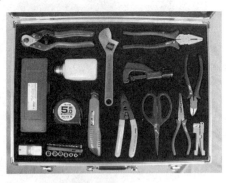

图 4-49　开缆刀和工具箱

说明：光纤工具箱是指在进行光纤接续操作时所需要的所有工具，其中就包括开缆工具刀、斜口钳、扳手、剥线钳、工具尺等。

4.3.3　光纤熔接具体操作步骤

微课

光纤熔接
技术

1. 专用工具准备

光纤熔接工作不仅需要专业的熔接设备，同样也需要很多普通的工具来辅助完成这项任务，如开缆刀、剥线钳、扳手、钳子等。在此一般只需要准备一个光纤接续箱就可以了，如图 4-50 所示。

2. 剥除光缆外表皮

使用开缆工具刀和斜口钳将室外接入光缆外表皮剥除，剥除约 1 m 左右，如图 4-51 所示。

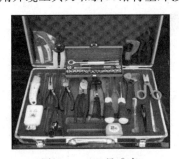

图 4-50　工具准备　　　　　　　图 4-51　剥除光缆外表皮

3. 剥除光缆的保护层

使用光纤工具箱中的美工刀，将光纤的保护层剥除，如图 4-52 所示。

注意：使用美工刀进行剥离保护层操作时，可采用旋转方式剥离，不应用力过猛而伤到内部的光纤。

4. 剥除塑料保护管

使用美工刀进行第 2 层塑料保护管的剥离，效果就如图 4-53 所示。

图 4-52　剥除光缆保护层

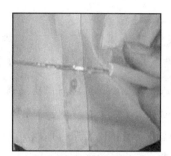

图 4-53　剥塑料套管

5．清洁光纤

使用酒精棉清除光纤的表面和光纤上的油膏，如图 4-54 所示。其中的油膏主要起到润滑作用。

6．安装热缩套管

在光纤的一端安装热缩套管，将一根热缩套管安装在光纤的一端，它将起到对光纤熔接后熔接点的保护作用，如图 4-55 所示。

图 4-54　清洁光纤表面

图 4-55　安装热缩套管

7．剥离光纤外表皮和涂覆层

使用光纤剥线钳将光纤的外表皮和涂覆层剥除，将剥线钳和光纤成 45°角，并可分 2 次将光纤的外表皮和涂覆层剥除，如图 4-56 所示。

注意：不要用力过猛使光纤断裂，并请确认剥线刀口上无光纤碎屑。

8．去除光纤表面的残余物

剥去缓冲层后，使用专用的干燥无毛屑的清洁纸，将光纤上的任何残留物都擦净，如图 4-57 所示。

图 4-56　剥离光纤外表皮和涂覆层

图 4-57　清除光纤表面残留物

9．准备切割

使用光纤剥线钳剥离了光纤外表皮和涂覆层后，可将光纤安装在光纤切割刀上，可根据实际需要确定需要切割的光纤长度，如图 4-58 所示。

注意： 在使用切割刀前应首先将其复位，即将刀口退回原位。

10．固定光纤

确定好光纤切割长度后，可将切割刀上的光纤压板放下，固定住光纤，如图 4-59 所示。

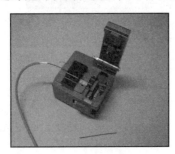

图 4-58　固定光纤准备切割　　　　　　　　　　图 4-59　固定光纤

11．开始端面切割

固定光纤后，可将切割刀底部的切割部件往前推，完成对光纤端面的切割，如图 4-60 所示。

注意： 推动模块时要保持切割刀的稳定。

12．安放光纤

打开熔接机的防护罩，将切割完成的光纤放置在熔接机的 V 形槽内，小心压上光纤压板和光纤夹具，要根据光纤切割长度来设置压板的位置，如图 4-61 所示。

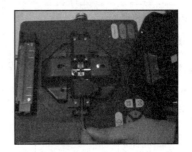

图 4-60　切割光纤端面　　　　　　　　　　　图 4-61　安放光纤

13．处理尾纤

完成室外光纤的熔接制备后，可对尾纤进行处理，包括剥除外表皮和涂覆层、切割端面等，并将其同样放置在熔接机的 V 形槽内，适当调整位置，压上光纤压板和光纤夹具，如图 4-62 所示。

14．设置熔接程序

两根光纤都放入 V 形槽后，合上防护罩，并开始设置熔接程序，可使用熔接机上的按钮对熔接程序进行设置，包括单模、多模的选择、熔接时间和熔接强度的选择、自动工作方式和手动工作方式的选择等，如图 4-63 所示。

注意：工作方式是指采用手动对准光纤方式还是采用自动对准光纤方式。

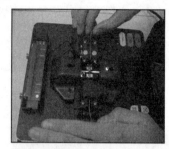

图 4-62　处理尾纤

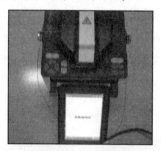

图 4-63　设置熔接程序

15．开始熔接

选择完熔接程序后，按"开始"键对光纤进行熔接操作。如果选择了自动工作方式，可由熔接机自动对光纤进行精确对芯操作，如图 4-64 所示。

16．精确对芯

在自动工作模式下，熔接机将自动完成对芯操作，如果光纤的端面制备过程中出现较大程度的差错，端面不够平整，将会要求重新进行端面制备。如果选择的工作方式为手动，则可通过按钮手动调整光纤的位置，并在屏幕上显示结果，如图 4-65 所示。

图 4-64　开始熔接

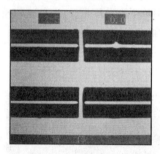

图 4-65　精确对芯

17．完成熔接

精确对芯完成后，就可开始对光纤进行熔接操作，通过熔接机的电极高压放电，将两个光纤的端头连接在一起，完成后将在屏幕上显示熔接的效果和估算的损耗值，如图 4-66 所示。

18．放置热缩套管

移动热缩套管到两根光纤的连接处，使热缩套管包裹住两根光纤的连接处，如图 4-67 所示。

图 4-66　完成熔接

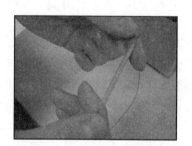

图 4-67　放置热缩套管

19．准备加热

使热缩套管包裹住两根光纤后，需要对套管进行加热固定处理，将套好光纤的热缩套管放置在加热器中，准备加热，如图 4-68 所示。

20．开始加热

使用熔接机上的加热按钮对热缩套管进行加热处理，一般只需要 10 s 左右，加热过程中熔接机上会有红灯显示，当红灯熄灭时表明加热完成，完成加热后可将光纤放置在托盘中，使其冷却后再使用，如图 4-69 所示。

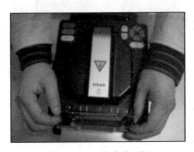
图 4-68　准备加热

图 4-69　开始加热

21．安装光纤收容箱

将熔接完成的光纤取出，安装在光纤收容箱中固定，将尾纤的接头连接到光纤耦合器中，如图 4-70 所示。

22．安装光纤配线箱

将安装完成的光纤收容箱安装到光纤配线箱中，完成室外光缆的接入，如图 4-71 所示。

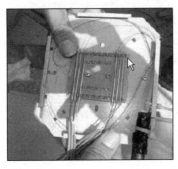
图 4-70　安装光纤收容箱

图 4-71　安装光纤配线箱

4.4　光纤快速端接技术

随着 FTTH（Fiber To The Home，光纤到户）技术的快速发展应用，光纤快速端接技术已经成为其中重要的一个环节，越来越多的研究人员正在对其进行研究，一些快速端接产品（如光纤快速连接器）也陆续上市应用，如图 4-72 所示。所谓光纤快速端接技术主要指的是在光纤末端进行光纤活动连接的过程。

在光纤到户的施工过程中，传统的热熔接续方式存在多种局限性，具体包括：①熔接机施工需要操作平台，空间受限；②熔接机价格贵，施工成本高；③需要有源施工，电池续航能力有限；④热熔设备体积大、携带不便；⑤针对 FTTH 终端多点零散接续耗时长。

图 4-72　光纤快速连接器

相对于传统的热熔接续方式，快速光纤端接技术具有非常明显的优点，具体如下：

① 操作简单，光缆开剥只需一次，施工速度快。

② 对操作环境无特殊要求。

③ 无源施工。

④ 工具简单，易携带。

光纤快速端接技术主要应用环境包括两大类：其一配线光缆与入户皮线光缆进行快速接续，一般发生在光纤配线架中；其二就是用户家中接入点，主要是光纤信息面板内将皮线光缆端接形成端口。

目前，国内外研发快速连接器的生产厂家很多，其结构和材质上也形成了各自的特点。结构上分类：机械接续型和热熔型两大类。机械接续型又分：直通型和预埋型。直通型：光缆开剥、切割后直接从尾端穿到连接器顶端，连接器内部无连接点；预埋型：接头插芯内预埋一段光纤，光缆开剥、切割后与预埋光纤在连接器内部 V 形槽内对接，V 形槽内填充有匹配液。

4.4.1　基本工具和耗材

1．光纤切割刀（见图 4-73）

图 4-73　光纤切割刀

说明：切割刀的作用是将光纤的端面进行切割，使其保持平整。

2．光纤剥线钳和酒精泵（见图 4-74）

图 4-74　光纤剥线钳和酒精泵

3. 皮线开剥器（见图 4-75）

图 4-75　皮线开剥器

4.4.2　SC 型快速光纤连接头具体操作步骤

微课

SC 型快速
光纤连接

1. 准备工具

在进行操作前需要准备相关工具，如图 4-76 所示。

2. 剥除光纤外表皮

将皮线光缆插入皮线开剥器中，插入至皮线开剥器标杆端，握压钳柄拔出皮线，如图 4-77
所示。

图 4-76　准备工具　　　　　　　　　图 4-77　剥除光纤外表皮

3. 安装光纤夹

将剥除外表皮的光纤安装到光纤夹上，并卡紧固定，如图 4-78 所示。

4. 穿入光纤尺

将光纤夹固定到光纤尺上，并扣紧光纤尺搭扣，如图 4-79 所示。

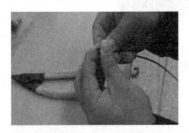

图 4-78　安装光纤夹　　　　　　　　　图 4-79　穿入光纤尺

5. 剥除涂覆层

使用光纤剥线钳剥除光纤涂覆层，将剥线钳和光纤成 45°角，并可分 2 次来将光纤的涂覆
层剥除，如图 4-80 所示。

6．清洁光纤

使用清洁布蘸取少量酒精，擦去光纤表面的残留物，如图 4-81 所示。

图 4-80　剥除涂覆层

图 4-81　清洁光纤

7．切割光纤

将光纤尺安放到光纤切割刀中，按下切割模块切割光纤，如图 4-82 所示。

8．取出光纤

使用切割刀将光纤端面切割完成后，从光纤尺中取出光纤，如图 4-83 所示。

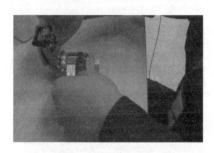
图 4-82　切割光纤

图 4-83　取出光纤

9．插入光纤

将切割完成后的光纤，光纤夹箭头朝上插入快速光纤连接头中，如图 4-84 所示。

10．固定光纤

将光纤插入光纤快速连接头后，轻推光纤，确定光纤已到位，向下按压光纤连接头卡扣，固定光纤，如图 4-85 所示。

图 4-84　插入光纤

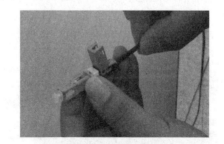
图 4-85　固定光纤

11．卡紧光纤

光纤连接器后端卡扣固定完成后，将连接器中段的锁定滑块用力往前推，即完成快速连接头的安装操作,如图 4-86 所示。

12．成品

卡紧光纤后即完成所有操作,成品如图 4-87 所示。

图 4-86　卡紧光纤

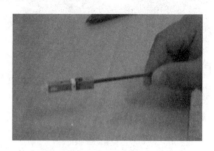

图 4-87　成品

4.4.3　冷接子具体操作步骤

1．检查冷接子

检查光纤冷接子是否良好,分别检查 0.25 mm 光纤穿入端和 0.9 mm 光纤穿入端,如图 4-88 所示。

2．剥除涂覆层

使用光纤剥线钳剥除 0.9 mm 光纤外表皮和涂覆层,如图 4-89 所示。

图 4-88　检查冷接子

图 4-89　剥除涂覆层

3．清洁光纤表面

使用清洁布将光纤表面的光纤碎屑清除,如图 4-90 所示。

4．压入刀轨条

将 0.9 mm 光纤压入刀轨条中,外皮切口前推,贴紧至刀轨条挡面,如图 4-91 所示。

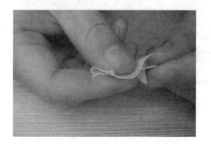

图 4-90　清洁光纤表面

图 4-91　压入刀轨条

5．切割光纤

打开切割刀，放置刀轨条，刀轨条需贴紧在切割刀槽面，切割光纤，如图 4-92 所示。

6．穿入光纤

将制备好的光纤穿入冷接子 0.9 mm 端，当光纤穿入至冷接子挡位点后，顺力推上推管，固定 0.9 mm 光纤，如图 4-93 所示。

图 4-92　切割光纤

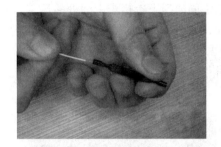

图 4-93　穿入光纤

7．剥除涂覆层

使用光纤剥线钳将 0.25 mm 光纤外表皮和涂覆层剥离，如图 4-94 所示。

8．清洁光纤

使用光纤清洁布清洁光纤外表面的光纤碎屑，如图 4-95 所示。

图 4-94　剥除涂覆层

图 4-95　清洁光纤

9．压入刀轨条

将 0.25 mm 光纤压入刀轨条内，外皮切口前推，贴紧至刀轨条挡面，如图 4-96 所示。

10．切割光纤

打开切割刀，放置刀轨条，刀轨条需贴紧在切割刀槽面，切割光纤，如图 4-97 所示。

图 4-96　压入刀轨条

图 4-97　切割光纤

11．穿入光纤

将制备好的光纤穿入冷接子 0.25 mm 端，当光纤穿入至冷接子挡位点后，顺力推上推管，固定 0.9 mm 光纤，如图 4-98 所示。

12．固定压盖

双手同时压下冷接子中间处的压盖，完成冷接子的接续操作，如图 4-99 所示。

13．成品

固定压盖后，即完成了冷接子连接操作，成品如图 4-100 所示。

图 4-98　穿入光纤

图 4-99　固定压盖

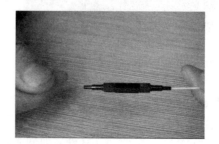

图 4-100　成品

4.5　光纤链路施工技术

目前，在综合布线项目中越来越多的用户需要开发商提供整套光纤链路施工解决方案，例如 FTTD 光纤布线系统整体解决方案、FTTH 光纤布线系统整体解决方案等。为了能了解相关光纤链路设计施工步骤，以下以具体案例方式详细介绍相关设计施工流程。

4.5.1　项目背景介绍

本项目为某市世茂广场国际城办公楼，该办公楼由办公、酒店、商业三部分组成。本项目为 1#、2#、3#办公楼，1#、2#楼地上 32 层，建筑高度 97.9 m，地上建筑面积约 3.2 万平方米，3#楼地上 20 层，建筑高度 61.9 m，地上建筑面积约 2.4 万平方米，1#~3#楼通过地下一层连通，地下面积约 0.76 万平方米。

通过与用户进行沟通，了解到用户选用了电信宽带网络系统，用户希望该办公楼建立成一个满足智能大厦系统集成、网络集成，同时具有先进技术水准的综合计算机网络系统。系统在适用性、灵活性、模块化、扩充性等各项功能指标上完全满足今后发展需求，从而将该综合楼提升到个性化、智能化的崭新高度，打造成为一个智能大厦。

4.5.2　项目技术方案设计

依据用户需求及分析，在满足布线系统先进性、灵活性、经济性的工程要求下，项目技术设计方案如下：

① 该方案整体采用 4 芯单模光缆系统。

② 该楼共有光纤网络终端点约 1 741 个。

③ 采用室内 4 芯单模光缆连接每栋大楼的各层管理子系统的配线架。

④ 采用室内 2 芯单模光缆布线系统标准作为水平干线子系统到各信息箱。

⑤ 采用光纤配线架等一些光纤保护器件组成各楼层、各区域的配线架来进行有效保护和管理。

⑥ 各点采用单模光纤适配器并配置相应的光纤终端面板等。

⑦ 楼层管理间、设备间的设置符合相关标准，应在最佳地点设置机房。

⑧ FTTH 系统的各子系统（包括：工作区子系统、水平子系统、管理子系统、设备间子系统、垂直干线系统、建筑群子系统和进线间）的设计均符合 GB 50311—2016《综合布线系统工程设计规范》中对各子系统的规定。

4.5.3　项目设备选型

在进行设备选型采购时主要根据六大子系统进行分系统采购，整体设备清单如表 4-4 所示。

表 4-4　设备总体清单

FTTH 光纤布线系统整体采购清单						
工 作 区 子 系 统						
序　号	产 品 名 称	产 品 型 号	单　位	数　量	品　牌	备　注
1	尾纤	FF-SC-B1-1M	根	3 486	天诚	
2	多媒体箱		只	1 741		定做
水 平 子 系 统						
3	4 芯室内单模光缆	GJFJV-4B1	米	60	天诚	
4	2 芯室内单模光缆	GJFJV-2B1	米	104 460	天诚	
管 理 区 子 系 统						
5	24 口光纤配线架	FB-11-24	个	41	天诚	
6	SC-SC 光纤跳线	FJ-SC-SC-B1-3M	根	122	天诚	
7	SC 光纤尾纤	FF-SC-B1-1M	根	164	天诚	
8	6 口光纤安装面板	FB-11-MB-SC-6	个	82	天诚	
9	电信接线箱		只	41		
垂 直 子 系 统						
10	4 芯室内单模光缆	GJFJV-4B1	米	5 790	天诚	
设 备 间 子 系 统						
11	24 口光纤配线架	FB-11-24	个	8	天诚	
12	SC 光纤尾纤	FF-SC-B1-1M	根	168	天诚	
13	SC-SC 光纤跳线	FJ-SC-SC-B1-3M	根	122	天诚	
14	6 口光纤安装面板	FB-11-MB-SC-6	个	16	天诚	
15	电信接线箱		只	3		

1．工作区设备选型

在 FTTH 光纤到户施工项目中，涉及工作区的相关设备包括工作区终端光纤跳线、尾纤、光纤终端盒、工作区多媒体箱、各类光纤连接器等，具体如图 4-101 所示。

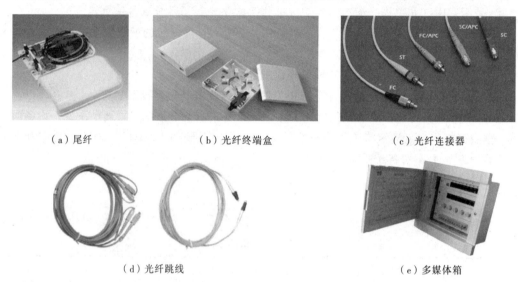

（a）尾纤　　　　　　（b）光纤终端盒　　　　　　（c）光纤连接器

（d）光纤跳线　　　　　　　　　（e）多媒体箱

图 4-101　工作区设备选型

其中的光纤终端盒可提供 8 个常规光纤头（如 SC\ST\FC）或 16 个小型化光纤头（如 LC\MTRJ），配有熔接盘，适合光纤的熔接和安装；经济实惠，灵活性很强，适合低芯数光缆的连接安装和管理。

2．水平干线子系统与垂直干线子系统设备选型

水平干线子系统与垂直干线子系统均为综合布线系统的骨干系统，因此在本工程中采用了 4 芯室内单模光缆和 2 芯室内单模光缆，如图 4-102 所示。

图 4-102　室内紧套式单模光缆

3．管理间子系统与设备间子系统设备选型

管理间子系统是用来存放同一楼层内布线设备的集合，而设备间子系统则是负责整栋楼的所有布线设备的集合，因此在设备选型上有类似之处。在此工程中，开发商选择的设备类型包括标准机柜、光纤配线箱、24 口光纤配线架、SC-SC 光纤跳线、SC 光纤尾纤、6 口光纤安装面板、电信接线箱、多媒体箱等。其中多媒体箱和光纤配线架如图 4-103 所示。

（a）多媒体箱　　　　　　　　　　（b）24 口光纤配线架

图 4-103　管理间、设备间设备选型

其中的光纤配线箱主要用于完成干线、配线、用户线光缆的固定、熔接和配线管理，支持单模和多模光缆。模块化设计可方便地组合不同密度、不同接头种类的光纤配线架，内含尾纤熔接盘、光缆固定架等。

4.5.4　项目相关操作技术

光纤配线架安装操作步骤：

1．工具准备

在进行配线架安装前，首先需要准备的工具包括有螺丝刀、剪刀等，如图 4-104 所示。

2．接入光纤

将光纤通过进线口接入到光纤配线架内部，进线孔有橡皮圈保护，可以使用螺钉对光纤进行调整和固定，如图 4-105 所示。

图 4-104　准备工具

图 4-105　接入光纤

3．剥除外表皮

使用光纤剥线钳剥除光纤外表皮，剥去 5～7cm，如图 4-106 所示。

4．剥除外表皮

使用剪刀剪去光纤多余的芳纶纱，如图 4-107 所示。

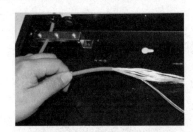

图 4-106　剥除光纤外表皮

图 4-107　剪去芳纶纱

5．固定螺钉

使用螺丝刀固定进线孔，如图 4-108 所示。

6．安装热缩套管

在进行光纤熔接前应先将热缩套管套入光纤中，热缩套管将对光纤熔接点起到保护的作用，如图 4-109 所示。

7．光纤熔接

使用光纤熔接机，将接入光纤与尾纤进行连接，并将熔接完成的光纤安放在熔接盘中。熔接盘起到保护尾纤、保证尾纤的弯曲半径的作用，如图 4-110 所示。

8. 安装光纤耦合器

光纤配线架的光纤面板上可以安装多种类型的耦合器，如图 4-111 所示。

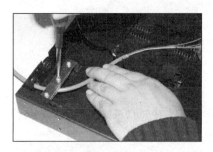

图 4-108　固定螺钉

图 4-109　安装热缩套管

图 4-110　光纤熔接

图 4-111　安装光纤耦合器

9. 安装面盖

接入光纤和尾纤通过熔接方式连接完成后，将光纤配线架面板向前推卡紧，如图 4-112 所示。

10. 安装配线架挂耳

为了将光纤配线架安装到机柜上，需要在配线架左右两侧安装挂耳，如图 4-113 所示。

图 4-112　安装面盖

图 4-113　安装挂耳

习　题

1. 光纤是_____的简称，是由一组光导纤维组成的用于传播光束的、细小而柔韧的传输介质。

2. 光纤的构造一般由三部分组成，分别是_____。

3. 光纤内部一共有两种光折射率，纤芯的折射率为 n_1，包层的折射率为 n_2，两者之间折射率的区别是_____。

4．光纤分类方式有几种：

（1）_____

（2）_____

（3）_____

（4）_____

5．所谓单模光纤，是指在给定的工作波长上只能传输_____，即只能传输_____，其内芯很小，约 8～10μm。

6．请区分下列光纤是多模光纤还是单模光纤：

（1）8.3μm 芯、125μm 外层_____。

（2）62.5μm 芯、125μm 外层_____。

（3）50μm 芯、125μm 外层_____。

（4）100μm 芯、140μm 外层_____。

7．简述光纤施工过程中存在哪些安全性问题，需要采取何种保护措施。

8．简述光纤熔接技术的基本操作步骤。

9．简述单模光纤和多模光纤的基本区别。

10．简述光纤快速端接技术的操作步骤。

第 5 章

桥架、管线系统设计与安装

本章主要介绍了各类桥架、线槽、管线系统的设计和安装操作，包括前期准备工作、实际操作步骤、相关注意事项、线槽内布线方式等内容。

5.1 准 备 工 作

微课

PVC 线槽安装

综合布线系统工程中，桥架、线槽、管道系统因其具有结构简单、造价低、施工方便、配线灵活、安全可靠、整齐美观、使用寿命长等特点，被广泛应用在建筑群和建筑物主干布线系统中。此外，由于桥架、线槽和管线系统又称为综合布线系统工程中的"面子工程"，对各类线缆起到了保护作用，该系统直接影响了整个布线工程的质量。因此，无论是工程的项目经理、现场工程师，还是施工人员，都非常重视该系统的设计和施工操作。一般在设计和施工前都需要完成相应的准备工作，具体包括技术准备、材料准备、工具准备和施工条件准备，以下具体进行介绍。

1. 技术准备

技术准备是指在施工前要求拥有施工图纸、产品技术资料、相应规范和规程等；系统设计和施工人员要求熟悉图纸资料，弄清设计图的设计内容，注意图纸提出的具体施工要求；确定施工方法，施工方案编制完毕经审批并进行了安全、技术可行性研究；工程施工过程中不会破坏建筑物的强度和损害建筑物的美观；积极准备施工机具、材料；施工前要认真听取工程技术人员的技术说明，弄清技术要求、技术标准和施工方法。

2. 材料准备

材料准备是指根据设计要求准备足够的材料以便施工需要，具体包括金属桥架、线槽及其附件（见图 5-1）、绝缘导线、电缆、安全型压线帽、套管、金属膨胀螺栓、接线端子、镀锌材料和辅助材料等。

（1）桥架（见图 5-2）

电缆桥架分为槽式、托盘式和梯架式等结构，由支架、托臂和安装附件等组成。选型时应注意桥架的所有零部件是否符合系列化、通用化、标准化的成套要求。建筑物内桥架可以独立架设，也可以附设在各种建筑物和管廊支架上，应体现结构简单、造型美观、配置灵活和维修方便等特点，全部零件均需要进行镀锌处理。安装在建筑物外露天的桥架，如果是在邻近海边或者属于腐蚀区，则材质必须具有防腐、耐潮气、附着力好、耐冲击强度高等特点。

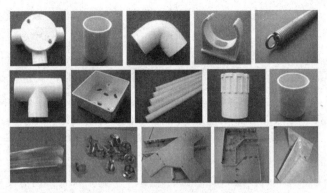

图 5-1　金属桥架和 PVC 管

图 5-2　梯架式桥架

（2）线槽

线槽有金属线槽和 PVC 线槽两种，其中 PVC 线槽是综合布线工程中广泛使用的一种材料，它是一种带盖板封闭式的管槽材料，盖板和槽体通过卡槽紧密相扣，其型号包括有 PVC-20 系列、PVC-25 系列、PVC-30 系列、PVC-40 系列、PVC-60 系列等，大小规格有 20 mm、25 mm、30 mm、40 mm 等，与线槽配套的连接件有阳转角、阴转角、弯曲角、单通接线盒、二通接线盒、三通接线盒子、四通接线盒、内连接头、外连接头和封堵等，如图 5-3 所示。

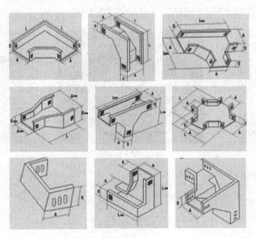

图 5-3　线槽配套连接件

但在实际的施工过程中一般可通过线槽剪制作简易的连接件，以下就简单介绍几种连接件的制作方法。

① 弯曲角：在工程中简易弯曲角的做法是在线槽底部需要转弯的地方用角尺划出 45°线，然后用线槽剪沿着所画线条位置剪开，再将线槽弯曲搭接并用铆钉固定，如图 5-4 所示。

② T 形分支或十字分支：首先在被分支的线槽上，按分支线槽宽度画线，再沿着线剪开，将被剪开的两块铁皮沿着根部弯曲成直角，作为线槽分支连接好待用。其次，按照被分支线槽宽度的 1/2～2/3，在分支线槽端部画线，沿着线将其剪成凸形端头。最后，将分支线槽凸形端头插入被分支线槽的剪开口中，使其相互搭接，用铆钉固定。此外，分支线槽盖制作方法是在被分支线槽盖侧边的一面，按分支槽盖的宽度尺寸剪一口子，而分支槽盖的端头则剪去稍短的盖侧边，制成凸形端头，使其其能插入被分支线槽盖的口子中。具体效果图如图 5-5 所示。

图 5-4　弯曲角制作

图 5-5　T 形分支制作

（3）PVC 管

线槽在综合布线工程的明线铺设中使用较多，而 PVC 管则是在暗线铺设中比较常见。由于 PVC 管相对于线槽在弯头制作、整体固定、连接件制作等方便相对困难，因此其相关的配件比较多，具体包括有管卡、弯通、直通、锁头、三通、胶水等，以下简单介绍几种配件。

① 管卡：主要用于固定 PVC 管，拥有不同的规格，适合不同的 PVC 管，如图 5-6 所示。

② 弯通：用于连接 2 根口径相同的线管，使线管做 90°转弯，如图 5-7 所示。

③ 直通：连接 2 根口径相同的线管，以便延续 PVC 管的长度，如图 5-8 所示。

图 5-6　管卡

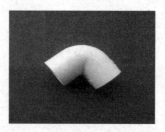

图 5-7　弯通

图 5-8　直通

④ 锁头用于将 PVC 管与桥架、底盒等进行连接，如图 5-9 所示。

⑤ 三通主要用于形成三方面的线缆连通，如图 5-10 所示。

⑥ 胶水是 PVC 专用胶水，可进行 PVC 管的黏合，如图 5-11 所示。

图 5-9　锁头

图 5-10　三通

图 5-11　胶水

3. 工具准备

桥架、线槽和管道系统中需要使用的工具包括梯子、钢锯、卷尺、铅笔、线槽剪、弯管器、切割机、冲击钻、角磨机、手枪钻、充电起子、电工工具等，以下就详细介绍几种工具的作用和特点。

（1）梯子（见图 5-12）

安装桥架、线槽和管道系统过程中，经常会有登高作业，这时就需要使用到梯子。梯子包括直梯和人字梯，直梯多用于户外登高作业，如搭在电杆上或墙上安装室外光缆；人字梯通常用于室内登高作业，如安装桥架、线槽等，在使用梯子前需要将梯脚进行防滑处理，保证施工的安全性。

（2）钢锯（见图 5-13）

钢锯是电工工具的一种，可用于 PVC 管线的切割裁切等。此外，电工工具还包括铁锤、凿子、斜口凿、钢锉、电工皮带、工具手套等。

图 5-12　梯子　　　　　　　　　　　　　　图 5-13　钢锯

（3）卷尺与铅笔（见图 5-14）

在施工过程中经常需要根据实际需要测量桥架或线槽的长度，并用铅笔标注，以便进一步处理。

（4）线槽剪（见图 5-15）

线槽剪主要用于对线槽进行裁剪，可根据需要对线槽或 PVC 管进行裁剪。

图 5-14　卷尺和铅笔

图 5-15 线槽剪

（5）弯管器（见图 5-16）

图 5-16 弯管器

（6）切割机（见图 5-17）

在桥架、线槽施工过程中经常会需要进行切割操作，这时就需要采用切割机，它由砂轮锯片、护罩、手把等组成。

图 5-17 切割机

（7）冲击钻（见图 5-18）

图 5-18 冲击钻

（8）角磨机（见图 5-19）

桥架和金属槽进行管切割后会留下锯齿形的毛边，会刺穿线缆的外套。用角磨机可将这些毛边进行磨平，从而保护线缆。

（9）手枪钻（见图 5-20）

手枪钻是工程中最常见的工具，既可以在桥架或线槽上钻孔，也可以在木材和塑料上钻孔，此外通过更换钻头还可以进行打孔、钻洞等操作。

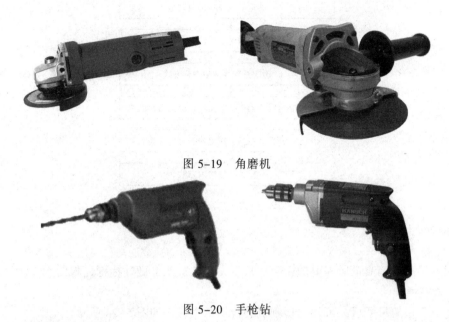

图 5-19 角磨机

图 5-20 手枪钻

（10）充电起子（见图 5-21）

充电起子也是工程中最常用的一类工具，可当螺丝刀使用，在配合各种钻头后可完成拆卸、安装螺钉的操作。

图 5-21 充电起子

4．施工条件准备

在进行桥架、管线系统安装前有几项施工条件是必须满足的，具体包括：首先在建筑物土建施工过程，配合土建的结构施工，预留孔洞、预埋铁和预埋吊杆、吊架等必须全部完成。其次，竖井内顶棚和墙面的喷浆、油漆等完成后，才能进行桥架、线槽敷设及配线。

5.2 桥架、管线系统设计与安装

桥架、管线系统的设计作为综合布线工程的一项配套项目，目前尚无专门的规范指导，因此，设计选型过程应根据综合布线系统所需缆线的类型、数量等实际情况，合理选定适用的桥架和相关的配件并进行施工，具体流程图如图 5-22 所示。

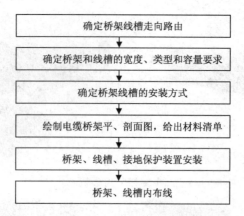

确定桥架线槽走向路由

确定桥架和线槽的宽度、类型和容量要求

确定桥架线槽的安装方式

绘制电缆桥架平、剖面图，给出材料清单

桥架、线槽、接地保护装置安装

桥架、线槽内布线

图 5-22　桥架、线槽安装流程图

具体操作步骤：

1．测量

使用卷尺和铅笔测量所需要的桥架的长度，并在桥架上做好标记，如图 5-23 所示。

2．切割桥架

确定所需桥架尺寸后，可使用切割机进行切割操作，如图 5-24 所示。

注意：在使用切割机进行切割时，必须有相应的保护装置，如眼罩、手套、专用工作服等。由于切割时会有金属碎屑飞溅出来，因此存在一定的危险性。此外，切割机还能完成磨光桥架毛边的操作。

图 5-23　测量长度

图 5-24　切割桥架

3．连接片

在桥架的配件中有一种重要的配件就是桥架的连接片（见图 5-25），它可实现相同规格的桥架之间的连接，从而使桥架的铺设距离得以延伸。

4．连接桥架

使用螺钉和螺帽通过连接片将两个桥架进行连接，并使用扳手来固定螺帽，如图 5-26 所示。

5．铆钉

在桥架的连接过程中，有时也需要使用铆钉来进行连接固定，这时可用铆钉枪来进行操作，如图 5-27 所示。

图 5-25　连接片

图 5-26　连接桥架

6. 弯头和三通的使用

在桥架系统中经常会用到弯头和三通，此类配件一般是通过焊接的方式以桥架和铁片组合而成，如图 5-28 所示。

图 5-27　用铆钉连接固定

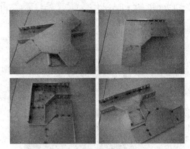

图 5-28　弯头和三通

7. 手枪钻的使用

在施工过程中经常会遇到线槽和桥架的连通、PVC 管线与桥架的连通，这时就需要在桥架上开孔。一般通过手枪钻来完成此类任务，可通过更换钻头在桥架上开启大小不一的连接孔，如图 5-29 所示。

8. 安装支架

由于桥架中需要安放大量的电缆，因此必须为桥架安装支架，如图 5-30 所示。

图 5-29　用手枪钻开孔

图 5-30　安装支架

9. PVC 材料制备

PVC 材料制备包括管线的切割，弯通、锁头、直通等相关配件的安装，在制备过程中一般需要使用专用胶水进行固定和黏合，如图 5-31 所示。

10．安装弯通

弯通主要用于连接 2 根口径相同的线管，使线管做 90°转弯，如图 5-32 所示。

图 5-31　PVC 材料制备　　　　　　　　　图 5-32　安装弯通

11．安装三通

当线缆需要进行分路时需要使用三通，具体操作是将 PVC 管分别套入到三通的 3 个方向，如图 5-33 所示。

12．自制弯通

在实际的工程中可使用简易弯管器自制弯通，将弯管器送入需要进行转弯的 PVC 区域，如图 5-34 所示。

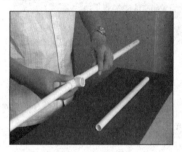

图 5-33　安装三通　　　　　　　　　　图 5-34　自制弯通

13．弯曲 PVC 管

将 PVC 管进行弯曲，注意弯曲时用力不能过猛，速度不易过快，如图 5-35 所示。

14．PVC 管成品

制作完成后的 PVC 管即可用于弯曲排线，如图 5-36 所示。

图 5-35　弯曲 PVC 管　　　　　　　　　图 5-36　PVC 管成品

15．安装管卡

管卡的作用是对 PVC 管起到固定作用，因此在选购时需要配合管线的规格进行购买，即不同规格的管线采用不同规格的管卡，使得 PVC 管能紧密地卡在管卡上，安装方式如图 5-37 所示。

16．安装底盒

在线槽系统的模端必定会连接一个底盒，目前一般采用较多的是 86 盒，底盒一般分为明装盒和暗装盒，PVC 管连接底盒时需要添加一个锁头进行连接，在安装时可根据实际情况在底盒上使用手枪钻开孔来确认安装位置，如图 5-38 所示。

图 5-37　管卡安装

图 5-38　暗盒安装

17．整体连接

管卡、底盒、弯头安装完成后，即可进行整体的连接操作，如图 5-39 所示。

18．连接完成

整体连接完成后，即可实现整个线槽系统的布放操作，如图 5-40 所示。

图 5-39　整体连接

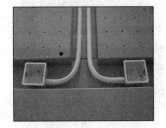
图 5-40　连接完成

19．测量长度

PVC 管主要用于墙内或地板下的暗装布放，而 PVC 线槽主要用于明装的布放。在进行 PVC 线槽布线前首先需要使用卷尺测量所需线槽的长度，如图 5-41 所示。

20．标记

使用卷尺和铅笔在线槽上测量所需长度，并做好标记，如图 5-42 所示。

图 5-41　测量长度

图 5-42　做标记

21．裁剪线槽

使用剪刀根据标记裁剪线槽，如图 5-43 所示。

22．安装明盒

明装布放一般是在暗装布放无法实现的情况下进行操作，明装布放时需要安装明盒作为信息面板的连接，如图 5-44 所示。

图 5-43　裁剪线槽

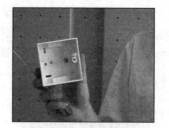

图 5-44　安装明盒

23．铺设线槽

明盒安装完成后可根据实际情况进行线槽的整体铺设，线槽无须类似管卡的装置进行固定，只需要直接使用螺钉进行固定即可，如图 5-45 所示。

24．安装盖板

将线槽根据设计的要求进行铺设、固定，连接桥架、底盒等其他系统，并为线槽添加盖板，这样一个简单的线槽系统就基本完成了，如图 5-46 所示。

图 5-45　铺设线槽

图 5-46　安装盖板

25．手工制作弯头

线槽的弯头一般可以手工制作，即在线槽底部需要转弯的地方用角尺画出 45°角线，然后用线槽剪沿着所画线条位置剪开，再将线槽弯曲搭接并用铆钉固定。首先需要进行标记，即使用记号笔和卷尺在线槽上做好标记，如图 5-47 所示。

26．弯曲角制作

使用直角尺和记号笔在线槽上需要转弯的地方画出 45°角线，绘制一个直角等腰三角形，如图 5-48 所示。

图 5-47　标记

图 5-48　绘制等腰三角形

27．裁剪线槽

使用剪刀沿着等腰三角形裁剪线槽，如图 5-49 所示。

28．弯折线槽

剪裁线槽完成后，弯折线槽，即形成了线槽弯角，如图 5-50 所示。

图 5-49　裁剪线槽

图 5-50　弯折线槽

29．十字分支制作

十字分支制作前首先使用记号笔在线槽开口位置进行标记，如图 5-51 所示。

30．剪裁

标记完成后，使用剪刀剪开开口位置，如图 5-52 所示。

图 5-51　标记线槽

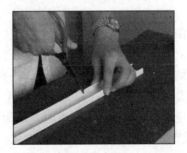

图 5-52　裁剪

31．安装线槽

线槽裁剪完成后，将分路线槽插入开口位置，如图 5-53 所示。

32．安装三通盖板

连接完成后使用三通盖板进行覆盖，如图 5-54 所示。

图 5-53　安装线槽

图 5-54　安装三通盖板

5.3　安装注意事项

在进行桥架、管线系统的安装过程中需要注意以下几点：

① 桥架、线槽应平整，无扭曲变形，内壁无毛刺，各种附件齐全。

② 桥架、线槽的接口应平整，连接可采用内连接或外连接，接缝处应紧密平直，连接板两端不少于 2 个有放松螺帽或放松垫圈的连接固定螺栓，螺母置于线槽外侧。非镀锌金属桥架、线槽连接板的两端应有跨接线，跨接线为截面积不小于 4 mm² 的铜芯软导线（桥架可用硬导线）。线槽盖装上后应平直，无翘曲，出线口的位置准确。

③ 桥架、线槽交叉、转弯等应采用单通、二通、三通、四通或平面二通、平面三通等进行变通连接，导线连接处应设置接线盒或将导线接头放在电气器具内。

④ 线槽与盒、箱、柜连接时，进线和出线口等处应采用抱脚或翻边连接，并用螺钉紧固，末端应加装封堵。

⑤ 桥架、线槽的所有非带电部分的铁件均应相互连接和跨接，使之成为一个连续导体，并做好整体接地，金属桥架、线槽不做设备的接地导体，当设计无要求时，金属桥架、线槽整体不少于 2 处与接地（接零）干线连接。

⑥ 桥架、线槽过墙或楼板孔洞时，四周应留 50~100 mm 缝隙，接防火分区时用防火材料封堵。

⑦ 在吊顶内敷设时，如果吊顶无法上人时，应留有检修孔。

⑧ 桥架、线槽经过建筑物的变形缝（伸缩缝、沉降缝）时，应断开，用内连接板搭接，不需要固定。保护地线和槽内导线均应有补偿余量。

⑨ 敷设在竖井、吊顶、通道、夹层及设备层等处的桥架、线槽，应符合相关防火要求。

⑩ 建筑物的表面如有坡度时，桥架、线槽应随其变化坡度。桥架、线槽全部敷设完毕，应调整检查，确认合格后，再进行配线。

5.4　线槽内配线要求和操作步骤

微课

穿管引线

桥架、管线系统设计施工完成后，就可以开始进行桥架、管线内的配线操作。在进行配线前首先需要提出几点对线槽内配线的要求，具体包括：

① 线槽内配线前应清除线槽内的积水和污物。

② 在同一线槽内（包括绝缘层在内）的导线截面积总和应该不超过内部截面积的 40%。

③ 线槽口向下配线时，应将分支导线分别用尼龙绑扎带绑扎成束，并固定在线槽地板上，以防导线下坠。

④ 不同电压、不同回路、不同频率的导线应加隔板放在同一线槽内。

⑤ 导线较多时，除采用导线外皮颜色区分顺序外，也可利用在导线端头和转弯处做标记的方法来区分。

⑥ 在穿越建筑物的变形缝时，导线应留有补偿余量。

⑦ 接线盒内的导线预留长度不应超过 150 mm，盘、箱内的导线预留长度应为其周长的 1/2。

⑧ 从室外引入室内的导线，穿过墙外的一段应采用橡胶绝缘导线，不允许采用塑料绝缘导线，并应具有防水措施。

线槽内配线的步骤一般可分为 2 步，即清扫线槽和放线。具体的配线步骤如下：

① 清扫线槽。清扫明敷线槽时，可用抹布擦净线槽内残存的杂物和积水，使线槽内外保持清洁；清扫暗敷于地面内的线槽时，可先将带线穿通至出线口，然后将布条绑在带线一端，从另一端将布条拉出，反复多次就可将线槽内的杂物和积水清理干净。也可用空气压缩机将线槽内的杂物和积水吹出。

② 放线。放线前应先检查线管与线槽连接处的护口是否齐全，导线、电缆、保护地线的选择是否符合设计图的要求；线管进入盒、箱时内外螺母是否锁紧，确认无误后再进行放线。

放线方法是先将导线抻直、捋顺，盘成大圈或放在放线架（车）上，从始端到终端（先干线后支线）边放边整理，不应出现挤压背扣、扭结、损伤导线等现象。按分支回路排列绑扎成束，绑扎时应采用尼龙绑扎带，不允许使用金属导线进行绑扎。

地面线槽放线：利用带线从出线一端至另一端，将导线放开、抻直、捋顺，削去端部绝缘层并做好标记，再把芯线绑扎在带线上，然后从另一端抽出即可，放线时应逐段进行。

图 5-55　牵引线圈

在工程中进行放线操作时，为了提高放线的速度，必然会用到牵引线圈或牵引机，它有电动牵引和手摇式牵引，它将大大提高放线的效率。图 5-55 所示为 IDEAL 公司出品的牵引线圈。

具体操作步骤：

① 放入牵引线。使用牵引线圈进行放线操作时，首先将牵引头穿入 PVC 管，如图 5-56 所示。

② 引出牵引线。当牵引线由布线链路的另一端穿出后，可看到牵引线金属前端，如图 5-57 所示。

图 5-56　放入牵引线

图 5-57　引出牵引线

③ 固定电缆。将线缆固定在牵引线前端的金属接头，如图 5-58 所示。

④ 牵引线回拉准备。将线缆与牵引线圈前端金属头固定完成后，准备将牵引线进行回拉，如图 5-59 所示。

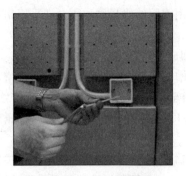

图 5-58　固定电缆

图 5-59　开始回拉牵引线

⑤ 回拉牵引线。在布线链路的另一端开始回拉牵引线，直到电缆随着牵引线一并拉出为止，如图 5-60 所示。

⑥ 剪线。使用剪线钳对电缆进行剪线操作，保持一定的电缆余量用于电缆的端接，如图 5-61 所示。

图 5-60　回拉牵引线

图 5-61　剪线

习　　题

1. 设计施工前的准备工作包括哪些？
2. 简述弯通的主要作用。
3. 使用切割机进行切割操作时应注意哪些问题？
4. 线槽内配线的步骤一般分为几步？

第 **6** 章

综合布线工程竣工验收

本章主要介绍综合布线工程测试的基本分类、各类测试标准和测试标准制定委员会等内容，并对测试仪的生产厂商和各自的验证认证测试仪进行了介绍和说明，此外，还介绍了各种测试模型及电气参数。

6.1　综合布线工程测试概述

综合布线工程的竣工验收必须经过严格的测试，是鉴定综合布线工程各建设环节质量的重要手段，其相关的测试结果、测试资料都将被作为验收文档保存。

6.1.1　测试标准的分类

工程检测标准可以分成元件标准、网络标准和测试标准 3 类。元件标准定义电缆/连接器/硬件的性能和级别，例如 ISO/IEC11801 和 ANSI/TIA/EIA 568B-A。网络标准定义一个网络所需的所有元素的性能，如 IEEE 802 和 ATM-PHY。测试标准定义测试的方法、工具及过程，如 TSB-67。

电缆系统的标准为电缆和连接硬件提供了最基本的元件标准，使得不同厂家生产的产品具有相同的规格和性能，一方面有利于行业的发展，另一方面使消费者有更多的选择余地并为消费者提供更高的质量保证。而网络标准在电缆系统的基础上提供了最基本的应用标准。测试标准提供了为了确定验收对象是否达到要求所需的测试方法、工具和程序。

6.1.2　测试方法的分类

从工程的角度来说，测试一般可分为两种：验证测试和认证测试。

验证测试是综合布线施工过程中必不可少的环节。验证测试是指施工人员在施工过程中边施工边测试，其目的是解决综合布线过程中电缆的安装问题，杜绝在施工过程中随机产生的网络问题。通过此类测试能及时了解施工的工艺水平，及时发现施工过程中出现的各种问题，使其能及时得到纠正，不至于等到工程完工时才发现问题，导致重新返工，耗费大量的人力和物力。

验证测试一般不需要使用复杂的测试设备，只需要购置能显示正确接线图和电缆长度的测试仪即可，如福禄克公司的 MicroScanner Ⅱ高级线缆验证测试仪，如图 6-1 所示。该系列

微课

验证认证
标准

测试仪就是一款非常好的线缆验证测试仪，其功能包括接线图的测试、线缆长度的测量、到故障点的距离、电缆 ID 以及远端设备等多种功能。

认证测试是所有测试环节中最重要的一项内容，也是最全面和细致的一项测试，也可称为竣工测试。

所谓认证测试是指电缆除了连接正确外，还需要满足相关的标准，即相应电缆的电气特性（如衰减、近端串扰、回波损耗等）是否达到有关规定所要求的标准。这类测试标准包括：TIA568，

图 6-1　线缆验证测试仪

TIA568A TSB67，TSB95，TIA568-A-5-2000，ISO11801 Class C、D、E、F。

其中，TIA568A TSB67 标准是针对五类线的现场测试指标制定的，其所规定的电气参数一般包括接线图、线缆长度、衰减、近端串扰、回波损耗、衰减串扰比等内容。对于网络用户、布线企业和网络安装公司而言，都应该进行线缆的认证测试，并提供可被认证的测试报告。然而，要进行认证测试就必须购置线缆认证测试仪，例如，Psiber 公司的 WireXpert 系列认证测试仪和 FLUKE 公司的 DTX 系列认证测试仪，如图 6-2 所示。此类测试仪不同于上述的验证测试仪，其功能更加强大，技术更加先进，为用户提供了更多人性化的服务，都会提供全中文的操作界面，采用液晶屏显示，其测试线缆的速度也非常迅速，一般只需要几十秒，就能完成一种线缆的测试工作，并且能为用户提供权威的测试报告。

图 6-2　各类认证测试仪

认证测试一般可分为两种类型：自我认证测试和第三方认证测试。自我认证测试是指由施工方自己组织测试，一般都会要求对工程内的每一条链路进行测试，从而保证每一条链路都符合标准的要求。第三方认证测试是指在进行了施工方自我认证测试后，委托第三方对系统进行验证测试，以确保布线施工的质量。

6.1.3　测试标准介绍

1. EIA/TIA-568-C

2008 年 8 月 29 日，在 TIA（电信工业协会）的临时会议上，TR-42.1 商业建筑布线小组委员会同意发布 TIA-568-C.0 以及 TIA-568-C.1 标准文件，在 TR-42 委员会的十月全体会议上，这两个标准最终被批准出版。

该标准共包括 5 个组成部分，分别是：

① TIA-568-C.0-2009：用户建筑物通用布线标准。

② TIA-568-C.1-2009：商业楼宇电信布线标准。

③ TIA-568-C.2-2009：布线标准 第二部分：平衡双绞线电信布线和连接硬件标准。

④ TIA-568-C.3-2008：光纤布线和连接硬件标准。

⑤ TIA-568-C.4-2011：宽带同轴电缆及其组件标准。

目前，TIA-568-D 版标准也在陆续颁布，已经颁布的包括 TIA-568.0-D、TIA-568.1-D、TIA-568.3-D，标准对综合布线工程中所能遇到的各种情况都进行了解释和说明。例如，在 TIA-568.3-D 中就对光纤的连接器、连接方式、构建转接线等内容进行了具体的要求说明和检测说明。

此外，TIA 还更新了 TIA-1152-A 标准，该标准主要关注的是测试仪器的要求。该标准是在 2016 年 10 月公布的，目前一些小的细节还在修订进行中，标准中增加了 Cat 8.1 和 Cat 8.2 布线的测试仪器要求，该标准将作为测试的基本指南，后续还会新增文件来进行扩展测试内容介绍。在进行 Cat 8 类线缆测试中新增加了 3 个指标，分别是直流电阻不平衡、输入的差分电压与其返回的共模电压之比 TCL、差分信号和同一线对另一端共模电压的比值 ELTCTL。

2. ISO/IEC 11801

第三版的 ISO/IEC 11801 规范（Edition 3）于 2017 年正式发布执行，该版本对整个标准进行了较大的修订，将原有的标准划分成六部分，分别规定了不同的内容，具体内容如下：

① 11801-1：铜缆双绞线和光纤布线的一般布线要求。

② 11801-2：办公场所。

③ 11801-3：工业场所，代替旧的 ISO/IEC 24702，主要针对工业建筑的布线，用于过程控制、自动化和监测。

④ 11801-4：住宅，代替旧的 ISO/IEC 15018，主要针对住宅建筑的布线，包括用于 CATV/SATV 应用的 1.2 GHz。

⑤ 11801-5：数据中心，代替旧的 ISO/IEC 24764，用于规划数据中心使用的高性能网络布线。

⑥ 11801-6：分布式构建服务，针对分布式园区网络布线，涵盖楼宇自动化和其他服务。

3. 国家标准

与国际标准的发展相适应，我国的布线标准也在不断地发展和健全。综合布线系统作为一种新的技术和产品在我国得到广泛应用。我国有关行业和部门一直在不断消化和吸收国际标准，制定出符合中国国情的布线标准。这项工作从 1993 年开始着手进行，从未中断。我国的布线标准有两大类：第一类属于布线产品的标准，主要针对线缆和接插件提出要求，属于行业的推荐性标准；第二类属于布线系统工程验收的标准，主要体现在工程的设计和验收两方面。目前最新的标准是 2016 年 8 月 26 日发布了《综合布线系统工程设计规范》，编号 GB 50311—2016；《综合布线系统工程验收规范》，编号 GB 50312—2016。

GB 50311—2016 共分为 9 章和 3 个附录，主要技术内容包括：总则、术语和缩略语、系统设计、光纤到用户单元通信设施、系统配置设计、性能指标、安装工艺要求、电气防护及接地、防火等。

GB 50312—2016 共分为 10 章，3 个附录，主要技术内容包括总则、缩略语、环境检查、器材及测试仪表工具检查、设备安装检验、缆线的敷设和保护方式检验、缆线终接、工程电气测试、管理系统验收、工程验收等。

6.1.4　测试标准制定委员会简介

对于布线标准，国际上主要有两大标准制定委员会：TIA（美国通信工业委员会）和 ISO（国际标准化组织）。TIA 制定美洲的标准，使用范围主要是美国和加拿大，并对国际标准起着举足轻重的作用。而我国的线缆来源主要是美国，所以我国也多数使用 TIA 标准。ISO 是全球性的国家标准机构的联盟组织，国际标准的制定工作通常由 ISO 技术委员会（TC）进行。此外，还有 ANSI（美国国家标准委员会）、EIA（电子工业联盟）、IEEE（电气和电子工程师协会）等。以下就简单介绍一下这些标准制定委员会的情况。

1. ISO

ISO（国际标准化组织）是由国家规范主体组成的国际化组织，总部位于瑞士的日内瓦。ISO 的规范主体包括了全世界范围内超过 130 个国家。美国在 ISO 的代表组织是美国国家标准化协会（ANSI）。ISO 成立于 1947 年，是一个非政府组织，致力于促进智力、科学、技术和经济活动的标准化。

2. ANSI

1981 年，5 个工程社团和 3 个美国政府机构共同创建了 ANSI，这是一个由会员维持、私有的、非营利性的会员组织。ANSI 的宗旨是促进自愿遵循标准和方法。ANSI 的会员包括大约 1 400 个美国或国际的私人公司和政府组织。ANSI 是 ISO 管理委员会的 5 个常任理事之一，也是 ISO 科技管理部的 4 个常委之一。ANSI 协调电子工业联盟（EIA）和通信工业协会（TIA），开发了 ANSI/EIA/TIA 568，这是美国的布线规范。

3. TIA

TIA 是一个由 1 100 多个会员组成的贸易组织，这些会员是在全世界范围提供服务、材料和产品的通信公司和电子公司。事实上，TIA 会员生产并销售了当今世界上所有的通信产品。TIA 的宗旨是在与标准、公共策略和市场发展相关的问题上代表它的会员。TIA 帮助开发了 ANSI/EIA/TIA 568 商业建筑通信布线标准。

4. EIA

EIA 成立于 1924 年，最初的名称是"无线电厂商协会"。从那时起，EIA 发展成为代表美国及海外电子生产商的组织，这些厂商生产的产品涵盖广大的市场。EIA 根据特定产品线和市场线设置部门，从而让每个 EIA 部门负责特定的方面。这些部门包括器件、消费电子、电子信息、工业电子、政府和通信。EIA 是 ANSI/EIA/TIA 568 商业建筑通信布线标准的幕后推动者。

5. IEEE

IEEE 是个国际型的非营利性协会，由 150 多个国家的 330 000 多个成员组成。IEEE 成立于 1963 年，由美国电子工程师协会（AIEE）与无线电工程师协会（IRE）合并而成。IEEE 发布了当今世界上电子工程、计算机和控制技术文献的 30%，还负责开发了超过 800 种的现行规范，正在开发的规范则更多。

6.2 验证和认证测试仪简介

目前，综合布线工程中的竣工验收环节，已经越来越被用户关注和重视，只有通过测试，并符合相应标准的工程才能被认可，而相关测试仪器的使用也被普遍推崇。目前测试仪器的生产厂商主要有三家，分别是福禄克、赛博和理想。三家厂商的主页如图 6-3～图 6-5 所示。

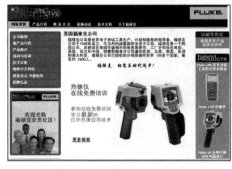

图 6-3　福禄克公司主页

图 6-4　赛博公司主页

图 6-5　理想公司主页

6.2.1　福禄克（FLUKE）

美国的福禄克公司由约翰·福禄克（John Fluke）先生创立于 1948 年，是制造和销售专业电子测试仪器的跨国公司。福禄克公司以其紧凑精密型专业电子测试仪器而著称于世。福禄克公司总部设置在美国华盛顿州的埃弗里特市，公司在美国和荷兰设有研究开发及生产制造中心，在国内也成立了 5 个办事处，分别在北京、上海、广州、成都和西安。

多年以来，福禄克公司的产品为全球众多从事各行各业的工程师、维修和维护的技术人员提供各种类型的测试仪器，其覆盖领域涉及电子、计算机网络、石油化工、航空航天、食品制药、电力以及供电供水等各个行业。福禄克公司的电子测试仪已经成为世界上电子测试仪器的著名品牌。以下主要介绍几款 Fluke 公司的验证、认证和网络分析仪。

1. MicroScanner II 多功能电缆测试仪

MicroScanner II 电缆检测仪（见图 6-6）创新地改进了音频、数据和视频电缆测试。它首先从 4 种测试模式中获取结果，并在一个屏幕上显示具体内容（包括图形化布线图、线对长度、到故障点的距离、电缆 ID 以及远端设备）。而且，它的集成 RJ-11、RJ-45 和同轴电缆测试端口几乎支持任何类型的低压电缆测试，而不需要更换笨拙的适配器。最终结果就是减少了测试时间和技术错误，从而可以实现比以前更加有效的高质量安装。

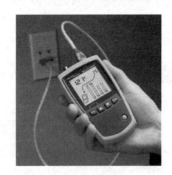

图 6-6　电缆检测仪

其特点如下：

（1）创新的界面

以前的电缆检验测试仪要求用户必须在 4 种不同操作模式之间切换才能看到所有测试结果。这不仅降低了测试过程的速度，而且还导致了较高的用户错误率。MicroScanner II 通过在一个屏幕上显示布线图、线对长度、到故障点的距离、电缆 ID 以及远端设备等主要测试结果，很好地解决了这一问题。而且，它具有一个超大的背光 LCD 屏幕，能够图形化显示布线图结果，从而给用户带来前所未有的舒适性和清晰度。

（2）IntelliTone 音频技术

MicroScanner II 具有内置的 IntelliTone 数字和模拟音频技术，不管工作环境如何，它几乎都可以精确地定位任何电缆或线对。使用数字模式可以定位线束中、交换机、配线板或墙壁插座中的高级数据电缆（Cat 5e/6/6a）。数据模式非常适用于高数据、RF 或电磁干扰的环境。与IntelliTone 200 Pro 探头配合使用时，它还可以用于从测试仪端或探头端检验电缆布线图。

对于音频级电缆（3 类和 3 类以下）以及同轴电缆、安全/报警电缆和业务线，可以使用模拟模式，这些电缆针对较低频率传输进行了优化。因此，使用低频音更容易将其区分开。MicroScanner II 的智能模拟音频技术在每次被测线对一起短路时都可以改变音乐，从而消除了安装期间线对定位的盲目性。这样，技术人员就可以在将线对插入插座前或在诊断音频传输问题时对它们进行准确判别。

（3）VDV 服务检测

音频、数据和视频技术人员有很多问题需要处理，不仅仅只有电缆问题。在确定连接问题的原因之前，必须先排除可能存在电缆和服务问题的主机。MicroScanner II 可以确认这些问题，它向技术人员提供了一个强大的可视化屏幕，从而让他们可以检验目前常见的大多数音频、数据和视频服务。检测 POTS 电压是否存在，并检验极性。检验供电的 10/100/1000 以太网交换机是否位于远端，或者确认 PoE 电压和线对是否正确。

（4）多介质支持

MicroScanner II 内置对 RJ-11、RJ-45 和同轴电缆支持，从而让那些笨拙的适配器成为过去。主设备和远端识别器都可以立即用于测试电话插座、以太网插座和 CATV，简化了电缆检验。

2．CableIQ™ 铜缆验证测试仪

CableIQ™测试仪是第一台为网络技术人员设计的验证测试工具，可用于排除连通性故障，验证布线带宽，可以检测所连接交换机和 PC 的速度和双工设置。智能布线诊断图以图形化的方式显示故障距离。测试仪使用简单，功能却很强大，可以快速解决布线过程中的相关连通性问题，设备如图 6-7 所示。

图 6-7　CableIQ™铜缆验证测试仪

其特点如下：

① 可以评估网络容量以确定对 VoIP、数据和视频的支持。

② 可以在实时网络上运行，以便提供以太网交换机检测和设备配置。

③ 先进的故障诊断，包括插入损耗、串扰、噪声问题等。

④ 核心故障诊断功能，包括长度、到故障点的距离、图形化接线图、开路、短路、以太网供电（POE）检测。

⑤ 可以测试所有的铜缆布线介质，包括双绞线，同轴电缆和音频线缆等。

⑥ 包括数字音频技术可定位和跟踪线缆。

3．DSX CableAnalyzer™ 系列认证测试仪

DSX CableAnalyzer™认证测试仪（见图 6-8）用于 Versiv™布线认证产品系列中的铜缆认证。DSX 系列包括 DSX-8000 和 DSX-5000，其中前者可以认证高达 Cat 8/2 GHz 的布线，后者可以认证高达 Cat6A/Class FA/1 GHz 的布线。该方案支持对高达 40 千兆以太网部署的双绞线布线进行测试和认证，并且可以应对任何布线系统，无论是 Cat 5e、6、6A、8 还是 FA 和 I/II 级。

图 6-8　DSX CableAnalyzer™认证测试仪

DSX CableAnalyzer™提供准确、完全无误的认证结果。DSX 可对铜缆布线进行认证，符合包括 Level VI/2G 精度要求在内的所有标准，使工作更加容易管理，且能够提高系统验收速度。它并不是仅为专业技师和项目经理而设计的。各种技能水平的人员均可用其来改善设置、操作、测试报告的过程，并同时管理多个项目。

其特点如下：

① Versiv™的模块化设计支持铜缆认证、光纤损耗认证、OTDR 测试以及光纤端面检查。

② 无与伦比的速度，支持 Cat 6A、8、FA I/II 级和所有现行标准。

③ 用户界面可简化设置过程并消除其间可能出现的错误。

④ 分析测试结果并使用 LinkWare™ 管理软件创建专业的测试报告。

⑤ 以图形方式显示故障源，包括串扰、回波损耗和屏蔽层的故障，以便更快进行故障排除。

⑥ 认证精度高，符合 TIA Level 2G 要求，并获得了世界范围内布线供应商的认可。

⑦ 内置外部串扰 (AxTalk) 测试功能。

⑧ 兼容 Linkware™ Live。Linkware Live 可轻松地跟踪工作进展、实时访问测试结果以在现场快速修复问题，并可方便地将测试结果从测试仪传输和整合到计算机中。

4．Fiber Inspector Pro 光纤视频显微镜

Fiber Inspector Pro 是一款便携式、双放大倍数视频显微镜，可检查各类网络设备和配线架中光纤接口的端面。它能够清晰地显示微小碎片和端面损坏情况，如图 6-9 所示。

5．Fiber OneShot Pro 光纤故障定位仪

Fiber OneShot Pro 光纤故障定位仪能在 5 s 内定位长达 15 英里（1 英里=1.609 km）内单模光纤严重的弯曲、高损耗接头、断路及变脏的连接器等问题，非常适合于大型运营商网络、MSO、城市、农村地区、地区运营商及校园环境的应用，如图 6-10 所示。

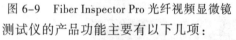

图 6-9　Fiber Inspector Pro 光纤视频显微镜　　　　图 6-10　Fiber OneShot Pro 定位仪

测试仪的产品功能主要有以下几项：

① 可分析长达 15 英里的光纤链路。

② 可在 5 s 内分析光纤链路，平均工作时间减少 30%。

③ 定位高损耗事件，取消使用试错法，查找单模光纤上的最常见故障。

④ 定位反射事件，允许用户分析信道。

⑤ 定位光纤断裂情况，允许用户快速隔离断裂和故障，无须解释复杂图形。

⑥ 定位多个事件/故障，允许用户"查看"信道中的所有事件。

6. FI-7000 FiberInspector™ Pro 光纤显微摄像机

光纤连接器端面污染是光纤故障的主要原因。灰尘和污染物可以引起插入损耗和反射，抑制光传输并引起收发器损坏。光纤损耗测试和 OTDR（光时域反射仪）测试能够发现此问题，但是在许多情况下，连接部分的灰尘会导致光纤测试既耗费时间又不准确。在光纤认证测试的前期、中期和后期，灰尘会由一个光纤连接器端面转移至另一个端面，这会造成问题，所以任何连接部分的两个端面都必须保持干净并时刻对其进行检查。此外，由于在实际接触的端接面之间会产生微小碎片，因此连接脏污的光纤连接器可能引起端面永久性损坏。对于出厂时端接的跳线或尾纤，也必须进行检查，因为保护性端盖并不能保证光纤连接器端面清洁。要避免这类常见故障的发生，在插入插座或设备之前应首先检查光纤连接器端面并去除任何污染物。

FI-7000 FiberInspector™ Pro 是一款光纤检查范围工具，通过此工具可在 1 s 内对光纤连接器端面进行检查和确认，使首次即可完成工作，如图 6-11 所示。

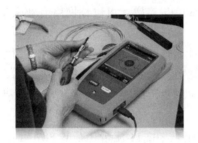

图 6-11　FI-7000 FiberInspector™ Pro 光纤显微摄像机

7. OptiFiber® Pro OTDR 光纤认证分析仪（T2、二级认证）

OptiFiber® Pro OTDR（见图 6-12）是业内第一款数据中心光纤分析仪，这款光纤排障和认证工具不仅操作简单，而且可以提高测试效率和改进网络可靠性。设备具有业内唯一的智能电话接口，可进行自动化测试并对一次测试中的两条光纤进行同时分析，可自动对两条光纤进行通过/失败分析、显示和报告。不仅可以将测试时间减半，还能够在无须将 OTDT 设备移至远端的情况下进行双向测试。

图 6-12　OptiFiber® Pro OTDR 光纤认证分析仪

其特点如下：

① 首创智能手机界面的 OTDR。

② 以最快速的设置和追踪时间加速光纤验证。

③ 可在单次测试中对两条光纤进行测试，从而无须到连接的远端执行测试。

④ 提供即时双向平均结果，并使用视图化简化使用方式。

⑤ 可通过项目方式和用户的自定义配置方式提高资源利用率。

8．LinkRunner 链路通

专门为一线技术人员设计的 LinkRunner 链路通（见图 6-13）可以快速识别问题是出在网络上还是网卡上，从而提高了故障诊断的准确度。通过链路通进行必要的网络测试，对物理层和链路层进行故障诊断，而 80% 以上的站点连通问题都出现在这两层。具体功能包括确定网络接口是否开通、电缆是否存在故障、电缆走向，以及能否 Ping 通其他的网络资源。设备如图 9-11 所示。

9．AirCheck 无线一点通测试仪

AirCheck 无线一点通测试仪（见图 6-14）综合了所有 Wi-Fi 技术，能够执行干扰检测、通道扫描和连接测试。它可以快速解决大多数 Wi-Fi 难题，可以让网络专业人士快速地验证和诊断 802.11 a/b/g/n 网络。

AirCheck 无线一点通测试仪采用直观的设计，任何人都可轻松快速地掌握它的用法。即时开机和简化的测试让用户在数秒内即可获得答案，因此可以更快地解决故障，让技术人员和用户的工作效率更高。使用 AirCheck Manager 软件可轻松管理测试结果，并生成即时报告文件。该测试仪的产品功能主要有以下几项：

① 按信道查看无线网络使用率，并快速确定是 802.11 流量还是非 802.11 干扰。

② 强大而深入的 WLAN 连接测试，从侦听到 DHCP 请求响应测试。

③ 快速识别并定位经过授权的无线接入点或恶意的无线接入点。

④ 完全记录故障处理过程，快速解决故障单或上报问题。

图 6-13　LinkRunner 链路通　　　图 6-14　AirCheck 无线一点通测试仪

10．OptiView™ XG 平板式手持网络分析仪

OptiView™ XG 是专为网络工程师设计的首款平板式手持分析仪，如图 6-15 所示。它会自动分析网络问题与应用问题的根源，使用户花更少的时间排除故障，将更多的时间用于其他工作。该分析仪可支持新技术的部署，其中包括统一通信、虚拟化、无线技术与 10 Gbit/s 以太网。

OptiView™ XG 平板式手持分析仪外形独特，为连接、分析和解决网络中任何位置（工作台、数据中心或最终用户位置）出现的问题提供移动性。对于超出传统 LAN/WAN 交换与路由功能而综合了物理设备、无线网络、虚拟网络及专有网络的真正网络结构，该分析仪可分析其中的大部分设备。该测试仪的产品功能主要有以下几项：

① 该分析仪集成了最新的有线与无线技术，以独特外形提供强大的专用硬件，为连接、分析和解决网络中任何位置出现的网络和应用问题提供移动性。

② 利用个性化显示面板，按需要准确显示网络。

③ 提供高达 10 Gbit/s 的"在线"与"无线"吞吐量自动分析。

④ 解决难以处理的应用问题时，确保数据包捕获线速高达 10 Gbit/s。

⑤ 利用路径与基础设施分析功能，识别准确的应用路径，以便快速解决应用性能问题。

⑥ 通过采集粒度数据，而非通过监测系统采集的聚合数据，查看间歇性问题。

⑦ 在问题出现之前，通过分析所需信息，进行主动分析。

⑧ 执行以应用程序为中心的分析，提供网络应用的高级视图和轻松深入查看功能。

⑨ 测量 VMware® 环境的性能，包括管理程序可用性、接口利用率以及资源使用水平。

⑩ 自动检测网络问题，建议解决流程。

⑪ 实时发现引擎，可跟踪多达 30 000 个设备和接入点。

⑫ 利用获奖的 AirMagnet WiFi Analyzer、Spectrum XT、Survey and Planning 工具，能够分析 WLAN 环境。

⑬ 仪表定义报告与个性化报告技术数据表。

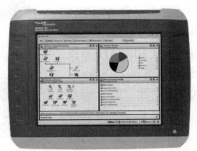

图 6-15　OptiView™ XG 平板式手持网络分析仪

6.2.2　赛博（PSIBER）

美国赛博公司成立于 1994 年，源自于一个简单的理念，即打造新一代高性能网络维护的专业测试设备。随着赛博新一代革命性测试产品的问世，客户能够高效地部署、执行和维护其高速网络及应用。赛博公司的第一款仪器是 1994 年研发的赛博钳形网络数据测试仪，该仪器创造了一个全新的计算机局域网诊断方式。钳形网络数据测试仪是唯一的非侵入式测试仪表，不需要直接进行电气连接就可以读取和显示网络流量信息，这款新仪表在数据通信杂志中被公认为创新性的产品，并于 1995 年在物理层测试产品中获得了"年度热销产品"的称号。

从早期赛博钳形网络数据测试仪开始，公司不断地进行研发改进，成功研发了高速测试仪表进入市场。赛博率先研发和推广了一系列链路测试仪表如 LanMaster 系列，包括最新的带有 PoE（以太网供电）检测功能的 LanMaster 26 千兆链路测试仪。此外，赛博也是率先推广高性价比有效侦测产品的公司，产品包括 The Pinger 和其继任者 The Pinger Plus+。随着高速网络的快速发展，赛博公司也推出了新一代测试设备，包括 TDR 线缆工具、LANExpert 网络分析仪和 WireXpert 线缆认证测试仪，为有线电视行业、企业网络市场提供服务。

赛博设计和制造世界一流的新一代测试、测量和认证解决方案。研发中心、工厂及服务中心坐落于美国圣迭戈、德国及新加坡，并在法国、意大利和英国设有服务中心，一个服务于全球客户的营销网络已经搭建起来。以下主要介绍几款赛博公司的主流测试产品。

1. WireXpert 超万兆线缆认证测试仪

赛博 WireXpert 线缆认证测试仪是当前市场上技术最先进、测试速度最快的线缆认证测试设备，其高达 2 500 MHz 的测试频率可以支持当前和未来所有布线标准，如 TIA/GB CAT5e、CAT6、CAT 6A, CAT7、CAT7A 等，使用户无需重复投资，即可适应未来的布线测试需要，最大限度地降低购置成本。同时，专利设计的数字化测试组件可提供比同类产品更快的测试速度，可在不到 9 s 内完成超六类（CAT6A）线缆测试，并在 11 s 内完成 Class FA 标准测试。同时，WireXpert 也支持单多模光纤、同轴电缆等多种线缆测试，以及双绞线跳线和 MPO 多芯光缆的测试需要。为了使操作者及时了解测试进程，WireXpert 的主机和副机均采用彩色触摸屏操作界面，无论使用者在主机端还是在远端，都能够及时了解测试结果，更便于双方沟通和协调。WireXpert 采用高效能锂电池供电，电量可保证连续 8 h 的操作。

赛博 WireXpert 超万兆线缆认证测试仪系列共有两款产品，分别为标准型 WX4500-FA 和经济型 WX350。WX4500-FA 可支持高达 1 600 MHz 测试频率，可满足当前所有国内和国际最高等级标准的认证测试，如 ISO Class FA、TIA Cat6A、Cat7、GB Cat7 等。经济性 WX350 可支持最高 TIA 或 GB CAT6 布线测试，以及超五类和五类线测试，如图 6-16 所示。

综合布线系统的认证测试是交付高品质达标网络的保证。因此，线缆安装者需要高精度、可靠的认证工具来完成这一重要任务。测量频率范围高达 1~1 600 MHz 的 WireXpert 不仅可以支持全部现有的标准，而且还可以支持未来的新的标准，如 8 类

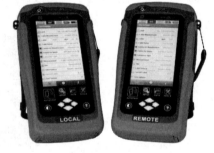

图 6-16　WireXpert 超万兆线缆认证测试仪

线标准。它在短短 9 s（针对 6A 类线标准）就可以自动完成所有需要的测试项目。如果测试结果显示"不合格"，WireXpert 可以快速精确地找出故障的原因。WireXpert 高可靠的中文触摸屏菜单系统非常直观易用，很快就能上手开始工作。WireXpert 特有的具有相同界面和功能的主副机双机控制（DCS）设计使得认证测试变得快速高效：以前可能需要两个测试者来进行测试；现在可以由一个人完成，使用者可以从待测线缆的任意一端做测试，查看结果，保存结果。标配的 WireXpert 仪表本身可以支持到最高频率的测试，也可以支持所有的测试适配器。用户可以很容易地通过软件升级和选购特定的测试适配探头来完成所需的测试。例如，插入选购的光纤适配探头，WireXpert 就可以用于测试多模和单模光纤。WireXpert 的大容量内存可以方便地保存包含图形结果在内的所有测试结果。WireXpert 配套的 PC 软件 ReportXpert，可以自动生成专业的简明版和完整版的测试认证报告。

其特点如下：

（1）操作方便

赛博 WireXpert 超万兆线缆认证测试仪的彩色全触摸图形界面使得线缆认证变得非常简单方便。新型的双机控制技术（DCSTM）使得主副机具备相同的显示和测试能力，从而简化了测试操作。在现场进行认证测试时，不管测试是由一人还是两人进行，测试人员奔走于线缆两端的时间都被压缩到了最少。

（2）CAT 7A（Class FA）等级测试

赛博 WireXpert 超万兆线缆认证测试仪是目前全球唯一可以在国际标准所要求的整个频率范围内，按标准所要求的测试精度对 Class F 等级线缆进行线缆认证分析测试的仪器。不仅如此，WireXpert 的专利测试技术还能够测试目前国际标准尚在制定中的支持 40 Gbit/s 和 100 Gbit/s 速度网络的铜缆。

（3）低成本的永久链路测试方案

赛博 WireXpert 超万兆线缆认证测试仪的新型永久链路测试探头集高精度、方便性和低成本于一体。该探头包括无须更换的主探头部分，以及可更换的低成本、高精度的特制跳线。测试探头达到一定使用次数后，仅需要更换跳线就可以继续使用。

（4）多模和单模光纤认证

赛博 WireXpert 的光纤测试探头可以进行多模和单模光纤的双波长点对点认证测试。如果进行单机测试，则一套 WireXpert 的两台单机均可独立进行测试，提高了设备的使用效率，降低了测试成本。

（5）突破性的测试架构

赛博 WireXpert 超万兆线缆认证测试仪突破性的测试架构能够以极高精度在极宽频段上测试线缆。其特殊的高频测试引擎能够在全部测试频率范围内超越第 IV 级测试精度要求，同时其高速数字同步和处理技术能够使测试达到极高的速度。

（6）外来串扰测试

使用两套赛博 WireXpert 超万兆线缆认证测试仪就可以进行外来串扰（AlienCrosstalk）测试。这意味着测试人员既不需要使用特别的测试探头，也不需要携带计算机去现场，就可以方便地完成外来串扰测试。

（7）测试标准

测试仪可以满足的测试标准包括 TIA –568–C.2, TIA 1152 Category 5、5e、6、6A，ISO/IEC 11801, EN 50173ISO Class C、D、E、EA、FA，以及中国标准 GB 50312—2016，Cat5、Cat5e、Cat6、Cat7。

目前，赛博 WireXpert 超万兆线缆认证测试仪已经通过全球最大线缆厂商美国康普公司和美国西蒙公司的正式认可，并已被列为两家公司首选的布线测试设备。

2．LanExpert LE85 千兆网络分析仪

赛博 LanExpert LE85 千兆网络分析仪是一款具有网络故障分析与诊断、网络压力测试、网线物理层测试等多种功能的集成式网络测试仪，其主要功能包括数据包捕获、协议分析、流量生成、网络问题检测、设备查找、网络带宽测试、VLAN 发现、电缆测试和 IPv4/IPv6 支持等多种功能的高性价比和手持式以太网络分析仪。赛博 LanExpert LE85 千兆网络分析仪配

备了单/多模光纤 SFP 测试端口和千兆 RJ-45 端口，可适用于更多的测试环境；赛博 LanExpert LE85 千兆网络分析仪采用彩色触摸屏界面，操作简单，机身小巧，是具备多种网络测试和故障诊断的便携式测试工具，也是网络维护和管理人员的最佳帮手，如图 6-17 所示。

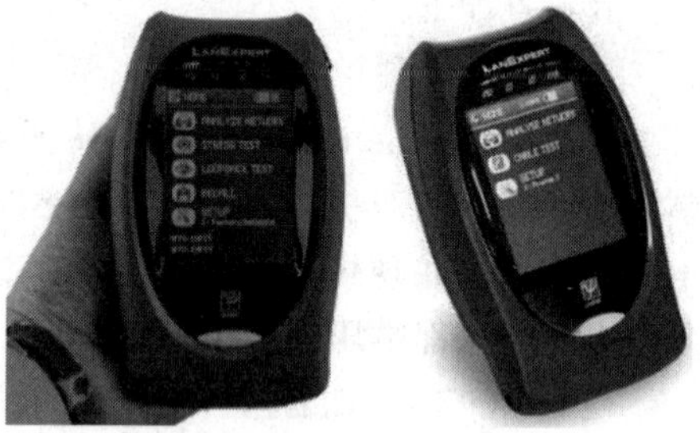

图 6-17　LanExpert LE85 千兆网络分析仪

其特点如下：

（1）数据包捕获和分析

通过用户自定义的过滤器，LE85 可以任意筛选、捕获和存储数据包进行现场详细分析或下载到 PC 后使用随机配备的专用协议分析软件进行深入分析。

（2）双千兆测试端口

为了适用更多的应用环境，LE85 可配备两个单/多模光纤接口和千兆 RJ-45 测试端口，两个端口可以完全独立工作，使用其中任一个端口即可进行流量生成、抓包、Ping、链路测试、追踪路由、DHCP 和设备查找等测试，这样，即使一个技术人员也可完成网络故障诊断的所有工作。

（3）流量生成和带宽测试

LE85 的流量生成功能可以调整数据包比例和大小，并产生高达 100%流量负荷，用于评估不同网络吞吐量等级下网络的实际性能。使用一台或两台 LE85 测试仪，即可完成网络可用带宽的测试，为网络性能评估和网络升级等业务提供有效的参考信息。

（4）RFC 2544 测试

LE85 也提供基于 RFC 2544,包含流量和测试性能指标的压力测试。压力测试包含吞吐量、延迟、丢包、背靠背，这些测试既可以在同一台设备上的两个独立端口间进行，也可以在两台位于不同网络中的两台设备之间进行。

（5）设备搜寻和查找

LE85 可以自动搜寻并显示网络中接入的设备名称、IP 地址、MAC 地址以及各自占用的数据流量，为网络管理和故障诊断提供重要的参考信息。

（6）网线测试

POE(以太网供电)测试可以测量电压和通电电流测量，以确定有源网络设备的实际功率。此外，LE85 还可以完成电缆的物理层测试，包括短路、开路、串绕、反转、测试电缆长度和故障点位置，产生 5 种不同的音频信号用于寻线。

（7）专业的测试报告

LE85 可以方便地存储多项测试结果，并通过随机软件生成专业的网络测试报告，为网络系统备案、管理和维护提供帮助。

（8）真正的集成式设计

LE85 采用真正集成式设计理念，将上述所有功能全部集成在一台轻巧便携的手持式测试仪中；让用户无须额外购买其他配件，从而保护用户的投资并降低拥有成本。

（9）免费升级适应未来需要

LE85 采用 Linux 操作系统，软件系统今后支持完全免费升级，充分适应未来网络发展的需要。

3．Pinger Plus+网络测试仪

赛博 Pinger Plus+网络测试仪（见图 6-18）是一款快速检测网络连接故障和 IP 地址分配问题的手持式测试产品。首先，Pinger Plus+可以识别和检测 10/100/1000BaseTX 链路的速率和双工状态；其次，它还可以向交换机或者集线器发出触发信号，以便网线连接端口的指示灯闪亮，从而方便地定位和确认网线的连接情况。当网络出现问题或者不能上网时，可以使用 Pinger Plus+的最重要的 Ping 测试功能。用户可以建立 IP 地址列表，对多达 8 个不同的 IP 地址或指定范围的 IP 地址进行 Ping 测试；Ping 测试的结果包括环回时间、数据包总数以及好坏数据包的个数等；通过这些信息可以帮助网络维护人员迅速发现和找到存在故障的网络设备或计算机。Pinger Plus+还可以设置 Ping 测试的次数以及更改发送数据包的长度；同时，Pinger Plus+支持基于 Web 浏览器的远程控制操作，可以更加方便地设置目标 IP 地址和测试参数。Pinger Plus+还可以任意设置自动关机的时间并具有低电压提示功能，以便节约电池电量和确保顺利完成测试工作。

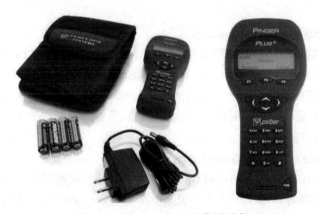

图 6-18　Pinger Plus+网络测试仪

4．LanMaster35 测试仪

赛博 LanMaster35 是一款新型的手持式的测试仪表，用于安装和维护该局域网（LAN）并为以太网提供（PoE）电源。LanMaster35 电源和链路测试仪可进行功率和实际负荷测试，用来确保供电的移动设备，如 IP 电话、无线接入点或摄像机设备连接到网络，并正常运行。

LanMaster35 可测试电源是否符合 IEEE 802.3af 标准或传统设备（如思科的馈线电源），可使供电设备正确连接。该装置可测量回路电阻并快速识别电缆受到破坏后导致间歇性问题或设备故障。LanMaster35 测试仪提供链路速度和双工模式的测试能力用来验证有电源或无电源时 10/100/1000 Mbit/s 基带网络链路的连接。该装置可以测量电缆的长度，也可以通过连接到墙上的插座来确定交换机或理线架对应的连接端口。LanMaster35 通过 PoE 技术成为了网络安装和维护的必备工具，如图 6-19 所示。

5．LanMaster LM25 网络链路识别仪

赛博 LanMaster LM25 网络链路识别仪的网络设备端口定位功能可以发送使集线器或交换机

端口指示灯闪烁的测试信号，以便方便地找到所连接的设备端口。同时，赛博 LanMaster LM25 还可以发送音频信号，配合寻线器即可实现查找机柜或配线架上的线缆，如图 6-20 所示。

图 6-19　LanMaster35 测试仪　　　　图 6-20　LanMaster LM25 网络链路识别仪

设备主要应用场合：

① 网络规划：识别现有网络设备（如交换机、集线器）的类型和能力，为网络升级提供帮助。

② 安装检测：检测物理层的连通情况，链路激活信号双向检测网络连通性。

③ 端口和线缆定位：通过闪烁交换机或集线器上端口指示灯以及音频，快速定位网络和网线连接情况。

6．CableTool50 多功能电缆测试仪

CableTool50 线缆检测仪表（见图 6-21）主要提供给承包商、CATV、低电压安装，或任何涉及金属电缆的安装和维护，并可以找到 2 500 英尺（1 英尺＝0.3048 m）内的电缆故障点。使用 TDR 技术，可使得线缆故障的测试精度达到±2%，只要选择适当的电缆类型并在储存库中选取该电缆的 NVP 值，将仪表的两个接口连接到导线，只需要按一下按钮，就可以显示电缆的长度及开路或短路的情况。

7．Cable Tracker CTK1015 高级网络寻线仪

赛博公司的 CTK1015 高级网络寻线仪（见图 6-22）是目前测试市场中技术最先进的寻线和找线产品，可以让网络和布线工作人员快速而准确地定位那些位于配线架上、机柜中或者已经连接到交换机、集线器等网络设备上的线缆。CTK1015 可以使用 3 种不同的闪烁频率闪亮网络设备的端口指示灯，这样既不会中断网络的使用，又可以精确和迅速地发现和定位已经连接到网络设备上的网线。如果需要查找安装在配线架上，或者机柜中的线缆，只要使用 CTK1015 的音频寻线功能即可方便完成工作。CTK1015 可以提供 4 种不同的音调，同时可以调节寻线器的音量，这样即使在很近的距离也可以轻松分辨出信号源的具体位置。

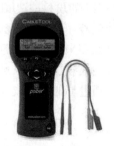

图 6-21　CableTool50 线缆检测仪表　　　　图 6-22　Cable Tracker CTK1015 高级网络寻线仪

CTK1015 专业寻线仪配备了 RJ-45 接口和鳄鱼夹接口，可以应用于网线、电话线、同轴电缆以及多种不同的线缆类型。自动关机和低电警告功能可以充分节约电池电量并且保证不间断的工作。

6.2.3　理想（IDEAL）

美国理想工业公司（IDEAL INDUSTRIES INC.）由创始人 Walter Becker 先生于 1916 年在芝加哥创立。物超所值，注重服务是 IDEAL 的一贯经营理念，此理念始终贯穿于企业运营的 100 多年间。IDEAL 的总部位于美国伊利诺伊州欣克摩尔市。IDEAL 生产超过 6500 种成熟可靠的高性能电子产品，其中一些产品因功能独特已成为专业的代名词。IDEAL 产品主要种类包括：数据通信测试产品、电气测试与测量仪表、导线连接器、线缆安装和管理产品、工具和工具包以及 OEM 业务。它们已成为专业人士手中不可或缺的工具和仪器，并已巩固了 IDEAL 作为世界领先而且值得信赖的电子产品制造商的地位。2004 年，IDEAL 成功收购英国 Trend Communications 通信测试公司。IDEAL 现可提供局域网、接入网和广域网通信测试仪表。

IDEAL 的制造厂遍及美国、加拿大、英国以及南美和亚太地区，并在英国、德国、澳大利亚、中国和巴西设立了分公司和办事机构，分布于世界各地的数百家经销商和零售商随时为客户提供快捷而准确的服务。

2003 年 3 月，IDEAL 正式在中国北京设立了办事处；6 月，在北京成立了国际服务中心，使用户能够得到更加及时和周到的服务。同年，在深圳设立了线缆连接产品的制造工厂，年产量达 10 亿只。2004 年，IDEAL 在上海和香港设立了分支机构。随着业务的拓展，IDEAL 陆续在广州、成都、西安等地设立办事机构或制造厂，为广大的中国用户提供最优势的产品和服务。下面介绍几款 IDEAL 的验证和认证测试设备。

1. NAVITEK

NAVITEK（见图 6-23）可针对结构化数据网络的线缆，实现全面测试和故障定位。首先，可对网络物理层线缆的完整性进行验证，例如，确认接线图正误。其次，确定最终用户的端口是否能被用于服务，例如，检测是否存在 POTS、ISDN、令牌环网、以太网以及线缆电压。最后，可主动验证网络连通性，用于故障定位或终端设备的增减，例如，Ping 命令。

2. SIGNALTEK-FO 线缆/光纤性能测试仪

SIGNALTEK-FO（见图 6-24）可进行光纤与铜缆千兆性能测试（按 IEEE 802.3 标准，对光纤与铜缆链路进行测试）、多媒体千兆性能测试（测试 VoIP、视频、网页浏览等业务在光纤上的应用）、误码率 BERT 及光衰减测试（对光链路进行比特错误率测试，并测量光功率衰减值）、双波长测量（支持使用 850 nm 和 1 300 nm 波长的所有局域网光链路测试应用）、使用小型可插拔光模块（小巧、现场可更换）、可存储数千条测试报告（使用内存或 U 盘存储测试报告以供打印）。

3. LinkMaster™ PRO 系列线缆验证测试仪

LinkMaster™ PRO 系列通信线缆验证测试仪（LinkMaster™ PRO 及增强版 LinkMaster™ PRO XL）是美国理想工业公司为商用与民用通信网络工程施工、管理及维护人员提供的，对语音线缆、数据线缆及同轴电缆进行验证测试的便携仪器，如图 6-25 所示。用户可通过它完成：接线图测试，获得线缆长度、断点所在位置，音调巡线，识别信息端口，识别集线器等任务。

图 6-23 NAVITEK

图 6-24 SIGNALTEK-FO

作为现场测试工具，LinkMaster™ PRO 系列设计坚固耐用、功能众多并且便于操作，集优异的性能、简便的操作和廉价等优点于一身，是体现"物超所值设计理念"的典范。产品主要特点包括：更大的液晶屏幕，并有背光照明（背光可选择开/关，以节省电池）。

通过闪烁 Hub，确保集线器连接无误；增加声音测试能力，可检测 RJ-11 接线中第 1、2或第 3 线对，满足 USOC 标准要求；通过声音测试可显现第 1～第 6 针脚顺序是否接反；在测试过程中直接显示长度信息，方便省时；8 个远端模块同时提供 RJ-45 和 RJ-11 接口，寿命更长，测试能力更强。

4．VDV PRO 线缆验证测试仪

VDV PRO 线缆验证测试仪（见图 6-26）是一款简单易用的测试设备，能快速测试民用与商用布线中使用的各类铜缆介质；可综合测试语音，数据和视频应用，专为住宅和商业环境的测试服务；可支持 RJ11/12，RJ-45 和同轴电缆接口；与远端模块配合，可测试屏蔽层连通性，以及开路、短路、错对、反接和串对等故障。

图 6-25 LinkMaster™ PRO

图 6-26 VDV PRO 系列测试仪

5．LANTEK 系列线缆认证测试仪

LANTEK 系列线缆认证测试仪（见图 6-27）是美国理想工业公司推出的全中文操作界面的局域网线缆认证测试设备。LANTEK 系列测试仪，采用多项专利技术，其先进的链路适配器及嵌入式安装方式，有效降低了购买、使用、维护及管理的费用，并构成稳定、牢固的测试平台。用户只需要通过标准跳线将测试仪与被测链路相连，即可完成标准规定的所有测试模型的测试，无须改变适配器。适配器不外露，因此了减少了受损的可能，使维护成本大幅降低。

图 6-27 LANTEK 系列线缆认证测试仪

该系列中的 LANTEK 6 系列测试仪, 其频率可达 350 MHz, 完全符合 6 类/ISO E 级布线测试要求, 执行完整的 6 类/ISO E 级自动测试, 只需 21 s。LANTEK 7G 系列认证测试仪其测试带宽更可达到 1 GHz, 从而满足并超过超 6 类及 ISO F 级标准。同时, 两种系列的测试仪均可向下兼容 3、5、5e 各类布线测试。该系列测试的特点包括以下几项:

① 全中文操作界面及在线帮助。

② 主机采用业界最明亮的 4 英寸彩色 VGA 液晶显示器, 远端机提供双行黑白液晶屏幕。

③ 可直接以图形方式直观地显示测试结果, 存储 500 条 6 类图形测试结果。

④ 支持双通道测试, 跳线可以任意弯曲, 不影响测试结果。

⑤ 应用专利技术, 只需要一套适配器即可完成信道、链路测试及现场校准, 可有效降低用户投资。

⑥ LANTEK6 测试频率达 350 MHz, 超过 6 类/ISO E 级标准。

⑦ LANTEK7 测试频率达 750 MHz, 超过 7 类/ISO F 级标准草案信道与链路测试全部通过 ETL 四级精度认证。

⑧ LANTEK7G 测试频率达 1 GHz, 超过 7 类/ISO F 级标准草案信道与链路测试全部通过 ETL 四级精度认证。

⑨ 6 类/E 级自动测试只需 21 s, 7 类/F 级自动测试只需 35 s。

⑩ 嵌入式 TDR 功能, 实现铜缆与光纤故障定位。

⑪ 配合 IDEAL 首创的光纤选件可显示光纤链路中事件的距离与规模。

⑫ 提供 RS232 及 USB 接口, 实现上载测试结果及固件升级。

⑬ 两个全功能 PCMCIA 插槽, 可插接小型闪存卡并可用于将来的功能扩展。

6. LANTEK II 系列线缆认证测试仪

LANTEK II 是美国理想公司推出的第二代线缆认证测试仪 (见图 6-28), 高速、高性价比, 9 s 完成 5e 类认证测试, 14 s 完成 6 类认证测试, 10 Gbit/s 线外串扰测试速度较同类仪表快 4 倍。采用专利技术, 不再使用特殊永久链路适配器, 只用普通标准跳线即可完成绝大多数布线工程测试任务, 最大限度地节约了时间与成本。

LANTEK II 350、LANTEK II 500、LANTEK II 1000 分别以其最高测试带宽命名。LANTEK II 350 线缆认证测试仪可认证 6 类及以下级别铜缆; LANTEK II 500 线缆认证测试仪专为 6A 类铜缆设计, 同时向下兼容所有类别铜缆认证测试; LANTEK II 1000 是世界上能满足 1 000 MHz 测试带宽的最快认证测试仪表, 超过 7 类 (F 级) 600 MHz 测试要求, 达到 7A 类

（FA 级）1 000 MHz 认证标准，并满足有线电视、数据、语音共享系统的测试要求。

图 6-28　LANTEK II 系列线缆认证测试仪

　　如同上一代产品一样，LANTEK II 线缆认证测试仪仍然采用专利测试技术，只使用一个通用测试适配器实现通道和永久链路的测量。用户不再需要为更换昂贵的专用测试线付出额外费用。测试仪继续提供专利的双模式测试功能，只按一次 AutoTest 键，就可得到两种不同测试模型或评判标准的测试结果，实现对已安装系统进行前瞻性应用带宽裕量评估，而又不增加测试时间与成本。配合 FiberTEK FDX，可在单根光纤上实现"双向双波长"认证测试，测试速度 3 倍于现有仪表。此外，该款测试仪的另一个特点是与其配套使用的 DataCENTER 分析和报告管理软件（简称 IDC）。IDC 以表格和图形方式显示所有测试参数，使用户快速深入地分析数据，其图形界面可根据用户要求自行定义，改变频率范围、分贝标尺、显示项目及详细数据。该系列测试的特点包括以下几项：

　　① 全中文，内置 GB 50312 综合布线测试标准。

　　② 认证 6 类（E 级）到 7A 类（FA 级）线缆并向下兼容。

　　③ 350 MHz 与 500 MHz 型号均可升级至 1 000 MHz 测试频率。

　　④ 单一适配器完成"信道""永久链路""跳线"测试，最大限度减少用户投资。

　　⑤ 使用 FiberTEK FDX 适配器，在单根光纤上实现"双向双波长"认证测试。

　　⑥ 采用 4.3 英寸、480×272 像素彩色液晶显示器，有效显示面积 95 mm×54 mm。

　　⑦ 9 s 完成 5e 类认证测试，13 s 完成 6 类认证测试，15 s 完成"双向双波长"光纤认证测试。

　　⑧ 仪表内存能存储 1 700 条带图形数据的 6 类线缆测试结果，7 倍于同类测试仪容量。

　　⑨ 仪表外存不再使用存储卡，而直接支持 U 盘，最大 U 盘容量达 64 GB。

　　⑩ 智能锂离子电池，18 小时工作时间，同时支持"边充边测"。

7. 33-960 系列手持 OTDR 测试仪

　　33-960 系列手持 OTDR 测试仪（见图 6-29）专为系统集成设计，兼顾了卓越性能与使用简单、轻巧耐用的特点，是一款真正的手持式仪表。测试仪既能提供多模光纤测试，也能提供单模光纤测试。33-960 系列手持 OTDR 测试仪衰减及事件死区非常小，有助于精确定位

图 6-29　33-960 系列手持 OTDR 测试仪

事件位置和描述事件类型，适用于最短光链路的测试。具有较高的动态范围，多模光纤测试最长达到 40 km，单模则可达到 160 km。该测试仪的测试参数可采用双波长"自动测试"功能自动调整；手动模式可定义所有测试参数；实时故障定位模式有助于识别间歇故障。友好的中文界面让操作更简单。33-960 OTDR 测试仪可存储 500 条测试数据，通过 USB 接口可将数据上传至 PC。

33-960 OTDR 测试仪是局域网（LAN）、校园网、广域网（WAN）光纤网络工程安装与故障定位的理想设备。各种型号都能提供高精度测试，用户界面友好，一键操作，精确给出连接器、熔接点的描述，实现快速、可靠的故障定位。

8．LanXPLORER 系列接入式局域网测试仪

LanXPLORER 系列接入式局域网测试仪（见图 6-30）是 IDEAL 公司推出的一系列杰出的接入形式、主动兼被动方式局域网测试仪，以触摸彩色显示器作为操作界面，为局域网（LAN）管理者提供卓越的测试功能，高质量、高性能、简单方便的操控性，在同类仪表中独占鳌头。

完全接入与终端仿真测试方式，使 LanXPLORER 系列测试仪不仅胜任对铜缆介质的验证，而且能对铜缆和光纤网络进行链路层主动型检测。其无线（Wi-Fi）测试功能，能使用户直接获取无线网络连接性能，为网络测试提供了空前的灵活性。方便易用的全面测试功能，使其成为满足专业 IT 集成商和系统管理者要求的完美检测工具。

图 6-30　LanXPLORER 系列接入式局域网测试仪

6.3　测 试 模 型

综合布线工程中的测试模型包括通道链路模型和永久链路模型，以下就详细介绍这两种测试模型。

6.3.1　通道模型

通道（Channel）用来测试端到端的链路整体性能，又称用户链路。通道模型的定义如图 6-31 所示，它包括：最长 90 m 的水平电缆、一个信息插座、一个靠近工作区的可选的附属转接连接器，在楼层配线间跳线架上的两处连接跳线和用户终端连接线总长度不得超过 100 m。通道模型示意图如 6-32 所示。

微课

通道和永久
链路

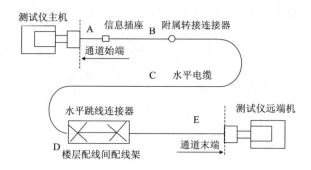

图 6-31　通道模型定义

A—用户终端连接线；B—用户转接线；C—水平线缆；D—跳线架连接跳线；

E—跳线架到通信设备连接线；B+C≤90 m；A+D+E≤10 m

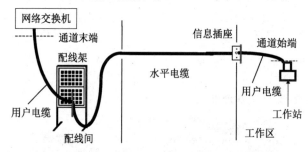

图 6-32　通道模型示意图

6.3.2　永久链路模型

永久链路（Permanent Link）又称固定链路，在国际标准化组织 ISO/IEC 所制定的超 5 类、6 类标准及 EIA/TIA568-B 中新的测试模型定义中，定义了永久链路模型，它将代替基本链路方式。永久链路方式提供给工程安装人员和用户，用以测试所安装的固定链路性能。永久链路连接方式由 90 m 水平电缆和链路中相关接头（必要时增加一个可选的转接/汇接头）组成，与基本链路方式不同的是永久链路不包括现场测试仪插接线和插头，以及两端 2 m 的测试电缆，电缆总长度为 90 m，而基本链路包括两端的 2 m 测试电缆，电缆总长度为 94 m。永久链路的定义如图 6-33 所示，模型示意图如 6-34 所示。

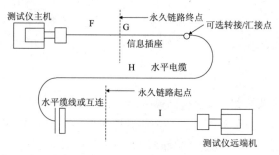

图 6-33　永久链路定义

F—测试设备跳线，2 m；G—信息插座；H—可选转接/汇接点及水平电缆，H≤90 m；I—测试设备跳线，2m

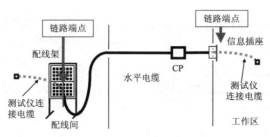

图 6-34 永久链路模型示意图

永久链路具体包括以下几部分：

① 铺设在配线间和工作区之间的水平电缆。

② 配线间内端接水平电缆的连接硬件。

③ 可选转接点或合并点连接器。

④ 工作区内用于端接电缆的信号插座。

注意永久链路不包括配线间和工作区内的接插跳线，布线链路的起点是配线间，结束点是工作区内的信息插座。

6.4 电气参数

1. 接线图

接线图是为了确定链路的连接是否正确，以及链路线缆的线对接续是否正确，要求不能产生任何开路、串绕等现象。如图 6-35 所示，显示的就是正确的链路连接。如果链路连接错误，会有开路、跨接、反接和串绕等情况出现。开路是指当电缆内一根或多根线缆已经被折断或接续不完全时就会出现开路故障，一般可使用 TDR 技术进行故障定位。跨接是指一端的1、2线对接在另一端的3、6线对，而3、6线对接在了另一端的1、2线对，实际上就是一端实行 568A 的接线标准，另一端则使用 568B 的标准，这种接法一般用在网络设备之间的级联或两台计算机之间的互连，也就是平常所说的反线。当一个线对的两根导线在电缆的另一端被连接到这一端相反的针上时，就会出现反接现象。串绕是指虽然保持了线缆的连通性，但实际上两对物理线对被拆开后又重新组合成新的线对，最典型的串绕案例就是施工人员不清楚正确的接线标准，而按照1、2、3、4、5、6、7、8的线对关系进行接线而造成串绕现象。其中的反接和跨接故障效果如图 6-36 所示。

微课

电气参数

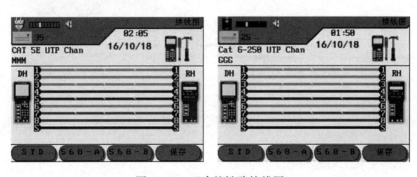

图 6-35 正确的链路接线图

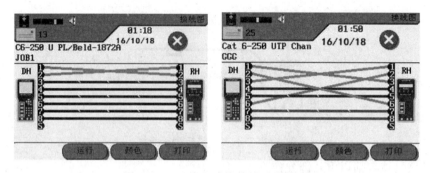

图6-36 反接和跨接等错误接线图

2. 长度

基本链路的最大物理长度是 94 m，通道的最大长度是 100 m。基本链路和通道的长度可通过测量电缆的长度来确定，也可以从每对芯线的电气长度测量中导出。

电缆长度的测试一般有 2 种方法：其一是通过 TDR 技术；二是通过测量电缆的电阻。当测试仪进行 TDR 测量时，它向一对线发送一个脉冲信号，并且测量同一对线上信号返回的总时间，用纳秒（ns）表示。获得这一经过时间测量值并知道了电缆的额定传输速度（NVP）值后，用 NVP 乘以光速再乘以往返传输时间的一半就得到了电缆的电气长度。所谓额定传输速度是表示电信号在电缆中传输速度和光在真空中传输速度之间的比值，一般都是由厂商给定的。NVP=信号传输速度/光速。不同仪器对长度测试的结果如图 6-37 所示。

电缆长度的计算公式如下：

$$L = T/2 \times [\text{NVP} \times C]$$

式中：L——电缆长度；

T——信号传送与接收之间的时间差；

C——真空状态下的光速（$3 \times 10^8 \text{ m/s}$）。

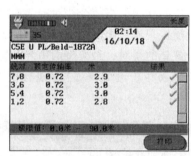

图6-37 长度测试结果

3. 特征阻抗

特征阻抗是指阻碍电流的阻抗。通信电缆的特征阻抗是电感、电容和电阻的综合值，这些参数取决于电缆的结构。电缆的特征阻抗建立在电缆的物理特性上，这些物理特征如下：

① 导体尺寸。

② 线对的电缆线之间的距离。

③ 导线绝缘层的绝缘性能。

一般情况下，5 类和超 5 类 UTP 电缆在 1～100 MHz 的频率范围内特征阻抗为 100×（1 ± 15%）Ω。

4．衰减

衰减是信号能量沿基本链路或通道损耗的量度，它取决于电缆的电阻、电容以及电感的分布参数和信号频率，随频率的增高而增大，随温度的升高而增长，随线缆长度的增大而增高，其单位为分贝（dB）。信号衰减到一定程度，将会引起链路传输的信息不可靠。引起衰减的原因还有集肤效应、阻抗不匹配、连接电阻以及温度等因素。

在现场测试中发现信号衰减不通过往往与两个原因有关：其一是测试链路过长；其二是链路阻抗异常。过高的阻抗消耗了大量的信号能量，使得接收端无法判读信号。

在选定的某一频率上，通道和基本链路的衰减允许极限值如表 6-1 所示，该表内的数据是在 20℃时给出的允许值。随着温度的增加，衰减也会增加。具体来说，3 类电缆每增加一摄氏度衰减增加 1.5%，4 类、5 类电缆每增加一摄氏度衰减就增加 0.4%；当电缆安装在金属管道内时，链路的衰减增加 2%～3%。TSB67 规定，在其他温度下测得的衰减值通过下列公式进行转换，使其换算成 20℃时的相应值再与表 6-1 中的数值进行比较。

$$\alpha_{20} = \frac{\alpha_T}{1 + K_t(T - 20)}$$

式中：T——测量环境温度，℃；

α_T——测量出的衰减值，dB；

α_{20}——修正到 20℃的衰减，dB；

K_t——电缆温度系数，1/℃。

表 6-1　通道与基本链路的衰减极限值

频率 /MHz	20℃下最大衰减值/dB				频率 /MHz	20℃下最大衰减值/dB			
	通道（100 m）		基本链路（94 m）			通道（100 m）		基本链路（94 m）	
	3 类	5 类	3 类	5 类		3 类	5 类	3 类	5 类
1	4.2	2.5	3.2	2.1	20		10.3		9.2
4	7.3	4.5	6.1	4.0	25		11.4		11.5
8	10.2	6.3	8.8	5.7	31.25		12.8		16.5
10	11.5	7.0	10.0	6.3	62.5		18.5		16.7
16	14.9	9.2	13.2	8.2	100		24.0		12.6

现场测试仪应测量已安装的同一根电缆内所有线对的衰减值。通过比较其中衰减最大值与衰减允许值后，给出通过或未通过的结论，如图 6-38 所示。

5．近端串扰

串扰是高速信号在双绞线上传输时，由于分布互感和电容的存在，在邻近传输线上感应的信号。近端串扰是指同一电缆的一个线对中的信号在传输时耦合进其他线对中的能量。近端串扰又称线对之间的串扰。定义近端串扰值和导致该串扰的发送信号之差值为近端串扰（NEXT）。一般测试时会对所有线对的组合都进行测试（即双向测试），对近端串扰的测试要在链路的两端各进行一次，总共需要测试 12 次。NEXT 的单位是 dB，定义为导致串扰的发送信号功率与串扰之比。导致串扰过大的原因主要有 2 类：其一是选用的元器件不符合标准，如购买了伪劣产品或不同标准的元器件混用等；其二是施工工艺不规范，常见的有施工时电缆的牵引力过大，破坏了电缆的绞距，接线图错误等。其原理图如 6-39 所示。

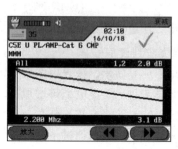 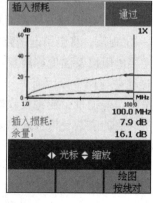

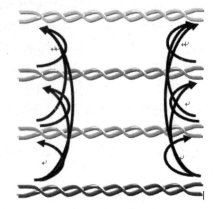

图 6-38　信号衰减测试　　　　　　　　　　图 6-39　近端串扰原理

对于双绞线电缆链路，近端串扰是一个关键的性能指标，也是最难测量精确的一个指标，特别是随着信号频率的增加其测试难度就更大了。TSB-67 中定义，5 类电缆链路必须在 1～100 MHz 的频率范围内测试，3 类链路是 1～16 MHz，4 类链路是 1～20 MHz。表 6-2 所示为不同频率下，通道与基本链路的近端串扰最小值。

表 6-2　通道与基本链路的近端串扰最小值

| 频率/MHz | 20℃下最大衰减值/dB | | | | 频率/MHz | 20℃下最大衰减值/dB | | | |
| | 通道（100 m） | | 基本链路（94 m） | | | 通道（100m） | | 基本链路（94 m） | |
	3 类	5 类	3 类	5 类		3 类	5 类	3 类	5 类
1	39.1	60.0	40.1	60.0	20		39.0		40.7
4	29.3	50.6	30.7	51.8	25		37.4		39.1
8	24.3	45.6	25.9	47.1	31.25		35.7		37.6
10	22.7	44.0	24.3	45.5	62.5		30.6		32.7
16	19.3	40.6	21.0	42.3	100		27.1		29.3

近端串扰必须进行双向测试：TSB-67 明确指出，任何一种链路的近端串扰性能必须由双向测试的结果来决定。这是因为绝大多数的近端串扰是由在链路测试端的近处测到的。在实际中大多数近端串扰发生在远端的连接件上，只有长距离的电缆才能累积起比较明显的近端串扰。有时在链路的一端测试近端串扰是可以通过的，而在另一端测试则是不能通过的，这是因为发生在远端的近端串扰经过电缆的衰减到达测试点时，其影响已经减小到标准的极限值以内。所以，对近端串扰的测试要在链路的两端各进行一次。实际近端串扰的效果图如 6-40 所示。

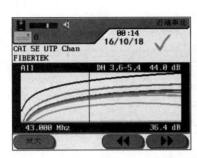
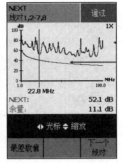

图 6-40　近端串扰效果

6．回波损耗

回波损耗是指由于综合布线系统阻抗不匹配导致的一部分能量的反射。当端接阻抗与电缆的特征阻抗不一致时，在通信电缆的链路上就会导致阻抗不匹配。阻抗的不连续性引起链路偏差，电信号到达链路偏差区时，必须消耗掉一部分能量来克制链路的偏移。这样会导致两个后果：一个是信号损耗；另一个是少部分能量会被反射回发射机。因此，阻抗不匹配会导致信号损耗，又会导致反射噪声，原理如图 6-41 所示，测试结果如图 6-42 所示。

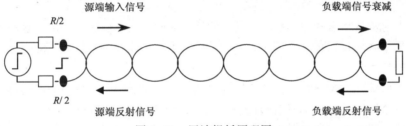

图 6-41　回波损耗原理图

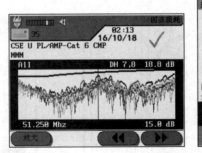
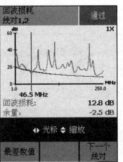

图 6-42　回波损耗测试

7．衰减与近端串扰比

衰减与近端串扰比（ACR）表示信号强度与串扰产生的噪声强度的相对大小。它不是一个独立的测量值，而是衰减（A）与近端串扰（NEXT）的差值，单位是 dB。ACR 的值越大越好，衰减、近端串扰、衰减与近端串扰比的关系如图 6-43 所示。

其计算公式为：

$$ACR(dB)=NEXT(dB)-A(dB)$$

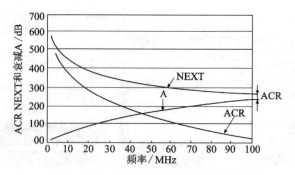

图 6-43　ACR、NEXT 和衰减的关系

8. 传播延迟

传播延迟是信号在一个电缆线对中传输时所需要的时间，因为传播延迟是实际的信号传播时间，因此传播延迟会随着电缆长度的增加而增加。

通信电缆中每个线对的传播延迟稍有不同，原因在于 4 个线对的缠绕密度不同，这意味着一些电缆线对比同一电缆中的其他线对缠绕要多。增加线对的缠绕密度可以减小电缆的近端串扰，但却增加了线对的程度。缠绕密度过高的电缆线对长度会变得很长，这会导致更大的传播延迟。

传播延迟通常是指信号在 100 m 电缆上的传输时间，单位是纳秒（ns）。有关 5e 类电缆的规范要求，在 100 MHz 的传输频率下，100 m 电缆通道的最大传输延迟不得超过 538 ns。

9. 综合近端串扰

综合近端串扰（PS NEXT）是一线对感应到的所有其他线对对其的近端串扰的总和。综合近端串扰是一个计算值，而不是直接的测量结果，综合近端串扰跟近端串扰一样，也要进行双向测试。原理图和测试结果图如图 6-44 所示。

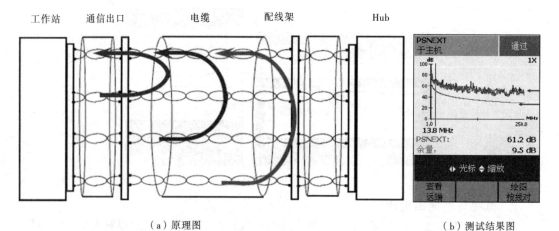

（a）原理图　　　　　　　　　　　　　　　　　（b）测试结果图

图 6-44　综合近端串扰原理图和测试结果图

习　题

1. 工程检测标准可以分成＿＿＿＿＿、＿＿＿＿＿和＿＿＿＿＿3 类，其中测试标准定义了测试的＿＿＿＿＿，＿＿＿＿＿以及过程，例如 TSB-67。

2. 从工程的角度来说，测试一般可分为两种：＿＿＿＿＿和＿＿＿＿＿。

3. ANSI/TIA/EIA 568-B 全称＿＿＿＿＿＿＿＿＿，定义了元件的性能指标、电缆系统设计结构的规定、安装指南和规定、安装链路的性能指标等。

4. ANSI/TIA/EIA 568-B.3 是＿＿＿＿＿部件标准。

5. 国际上主要有两大标准制定委员会，分别是＿＿＿＿＿（美国通信工业委员会）和 ISO（＿＿＿＿＿）。

6. 通道用来测试端到端的链路整体性能，又称＿＿＿＿＿＿＿，总长度不得超过＿＿＿＿＿＿＿。

7. 永久链路又称＿＿＿＿＿，它将代替＿＿＿＿＿方式，电缆总长度为 90 m。

8. 接线图的测试包括＿＿＿＿＿、错对、＿＿＿＿＿和串绕，其中的错对就是双绞线，主要用于同级设备之间的连接。

9. 衰减是信号能量沿基本链路或通道损耗的量度，随＿＿＿＿＿、＿＿＿＿＿和＿＿＿＿＿的增加而增大，其单位为分贝（dB），引起衰减测试未通过的主要原因是＿＿＿＿＿和＿＿＿＿＿。

10. 近端串扰又称＿＿＿＿＿。近端串扰必须进行＿＿＿＿＿，有 12 个测试结果。

第章

认证测试仪基本使用

本章主要介绍各类认证测试仪的基本使用，包括 FLUKE 公司的 DTX LT、PSIBER 公司的 WireXpert 和 IDEAL 公司的 LANTEK 6B、LANTEK II，本章将对各款测试仪的基本使用和操作平台进行具体介绍。

7.1 DTX 系列线缆认证测试仪

认证测试仪作为竣工验收测试中必不可少的关键设备越来越被用户和项目承包商所重视，在此主要以 3 款认证测试仪作为介绍对象，对认证测试仪的基本操作和实际操作平台进行全面而详细的介绍。这 3 款认证测试仪分别是 FLUKE 公司的 DTX LT 认证测试仪，PSIBER 公司的 WireXpert 认证测试仪和 IDEAL 公司的 LANTEK 6B 认证测试仪，如图 7-1 所示。

图 7-1　认证测试仪

DTX 系列线缆认证测试仪是 FLUKE 网络公司主推的产品，该系列测试仪通过提高测试过程中各个环节的性能，大大缩短了整个认证测试的时间。

DTX 系列线缆认证测试仪具有 IV 级精度、智能故障诊断能力、900 MHz 的测试频率、12 h 电池使用时间和快速仪器设置，并可以生成详细的中文图形测试报告，如图 7-2 所示。

图 7-2　DTX 认证测试仪

DTX 系列线缆认证测试仪同样由主机端和远端两部分组成，如图 7-3 所示。按钮功能如表 7-1 所示。

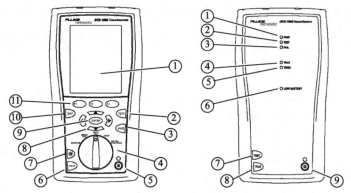

图 7-3　DTX 认证测试仪的主机端和远端

表 7-1　按钮功能介绍

主　机　端	远　　端
① LCD 显示屏幕	① 测试通过指示灯 PASS
② 测试按钮 TEST	② 测试指示灯 TEST
③ 保存按钮 SAVE	③ 测试失败指示灯 FAIL
④ 旋转开关，可设置不同的测试模式	④ 对话指示灯 TALK
⑤ 电源开关	⑤ 音频测试指示灯 TONE
⑥ 对话开关 TALK	⑥ 电池电能不足指示灯 LOW BATTERY
⑦ 背光切换，明亮和暗淡切换	⑦ 测试按钮 TEST
⑧ 方向键	⑧ 对话按钮 TALK
⑨ 确认回车键	⑨ 远端电源开关按钮
⑩ 退出键 EXIT	
⑪ 功能键 F1、F2、F3	

DTX 系列认证测试仪采用旋钮的方式在各个模式之间进行切换，通过使用各种测试模式可对测试仪进行测试，具体模式包括 SPECIAL FUNCTIONS、SETUP、AUTO TEST、SINGLE TEST、MONITOR，如图 7-4 所示。

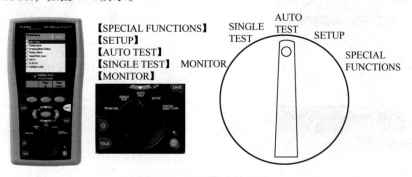

图 7-4　测试模式转换钮

1. 主要功能设置模式

使用该设置模式可对测试仪的基本功能进行设置，包括设置测试基准、自我校验、查看和删除测试结果、内存和电池状态显示、测试仪版本信息查看，以及音频信号发生器等功能。

具体操作步骤如下：

（1）进入主要功能设置模式

转动测试仪的旋转按钮，将其调整到主要功能设置模式（SPECIAL FUNCTIONS）就能开始进行功能设置，具体包括设置基准、查看/删除结果、音频信号发生器、内存状态查看、电池状态查看、自检和版本信息查看等功能，如图7-5所示。

（2）查看/删除测试结果

选择列表中的"查看/删除结果"选项可在其中对测试文件夹和文件进行查看和删除操作，并可更改文件夹来查看测试文件，如图7-6所示。

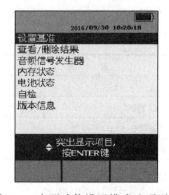

图7-5　主要功能设置模式选项列表

图7-6　测试结果查看

（3）查看详细的测试文件内容

在测试文件列表中使用方向键选择具体的测试结果，并使用回车键查看测试的详细内容，包括该条测试是否通过、测试的链路模型、各种电气参数的测试结果等，如图7-7所示。

（4）内存状态查看

在初始化列表中选择内存查看选项，可查看当前测试仪的内存使用情况，包括已保存结果数和可用的内存数，如图7-8所示。

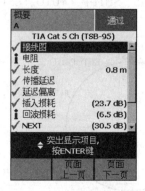

图7-7　详细的测试结果

图7-8　内存状态

（5）格式化内存

在内存状态查看界面中可使用格式选项格式化删除内存中的所有数据，如图 7-9 所示。

（6）电池状态检查

在初始化列表中选择电池状态，可在屏幕中了解当前电池的使用情况，包括剩余时间等内容，如图 7-10 所示。

图 7-9　格式化内存

图 7-10　电池状态

（7）版本信息查看

在初始化列表中选择版本信息，可对测试仪的版本信息和适配器的版本信息进行查看。例如，当前测试仪为 DTX-LX 系列，校准日期为 2016 年 9 月 30 日等，如图 7-11 所示。

（8）链路适配器查看

当选择链路适配器选项后可对测试仪上安装的链路适配器的情况进行查看，包括序号、版本、自动测试次数等，如图 7-12 所示。

图 7-11　版本信息

图 7-12　链路适配器信息

（9）自检

在列表中选择自检，对测试仪进行自我检测，如图 7-13 所示。

（10）开始自检

将测试仪主机端与永久链路适配器进行连接，将远端机与通道链路适配器进行连接，按 TEST 键对测试仪进行自检，如图 7-14 所示。

图 7-13 自检

图 7-14 开始自检

（11）自检完成

按 TEST 键后，测试仪将自动完成仪器的自检，完成后屏幕将显示自检测试完成，如图 7-15 所示。

2. 设置模式

使用该模式可选择测试电缆类型和光缆的类型，包括双绞线、同轴电缆和光纤，并可对测试仪的基本信息进行设置，包括测试操作员、公司、语言、日期时间、电源自动关闭时间、自动保存结构设置等。

具体操作步骤如下：

（1）进入设置模式

转动测试仪的旋转按钮，调整至测试仪设置模式，即 SETUP 模式。在屏幕中将显示可进行设置的选项，包括电缆和光缆类型的选择、仪器的初始化设置值、网络设置等，如图 7-16 所示。

图 7-15 自检完成

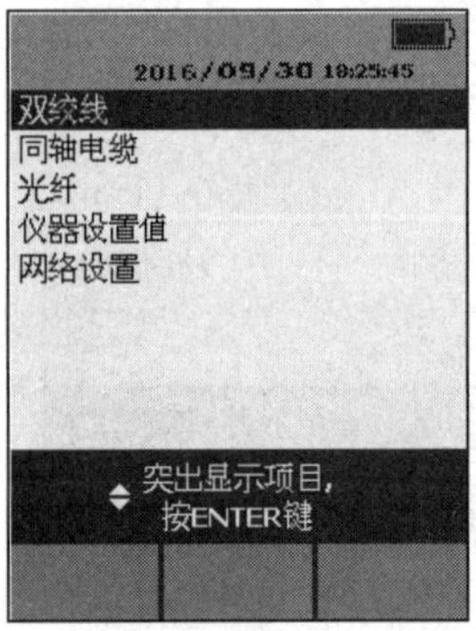

图 7-16 设置模式列表

（2）选择电缆类型

在屏幕中选择双绞线选项，可进入子菜单对测试电缆类型进行设置，包括测试极限值和缆线类型。线缆类型是指测试的电缆类型，包括 UTP、FTP 等，测试极限值则是各种测试链路模型，如 TIA Cat 5 CH、TIA Cat 5E Perm.LINK 等，此外还可对 NVP 进行设置，如图 7-17 所示。

（3）选择光纤类型

选择光纤选项后可对测试的光纤进行选择，包括连接器类型、测试方法、熔接点数目、适配器数目等，如图 7-18 所示。

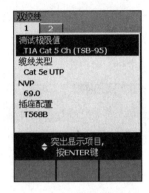

图 7-17　选择电缆类型

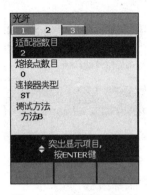

图 7-18　选择光纤类型

（4）设置仪器基本参数

选择仪器设置值可对测试仪的基本参数进行设置，包括对缆线标识、操作员、日期时间和自动保存设置等进行操作，如图 7-19 所示。

（5）设置缆线标识和当前文件夹

选择了仪器设置值选项后，首先进入的是缆线标识设置和当前文件夹设置选项卡，在该选项卡中可设置缆线的标识是自动递增，还是无标识，或者是采用自动序列，并可设置当前文件夹。设置了当前文件夹后，所有的测试结果将会自动保存在该文件夹中，如图 7-20 所示。

图 7-19　设置仪器基本参数

图 7-20　设置缆线标识和当前文件夹

（6）设置操作员信息和语言

采用方向键选择 2 号选项卡可进行操作员信息的设置，具体包括操作员姓名、地点、公司和语言，如图 7-21 所示。

（7）设置日期和时间单位

选择 3 号选项卡后可对日期、时间和长度单位等内容进行设置，以保证认证测试的准确性，如图 7-22 所示。

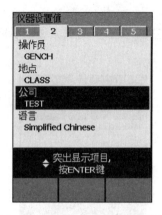

图 7-21　设置操作人员信息和语言

图 7-22　设置日期和时间单位

（8）设置电源信息

选择 4 号选项卡后可对电源关闭超时时间、背光超时时间等内容进行设置，如图 7-23 所示。

（9）设置自动保存

选择 5 号选项卡后可对自动保存结果进行设置，如图 7-24 所示。

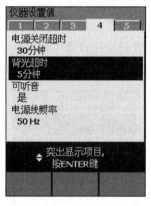

图 7-23　设置电源信息

图 7-24　设置自动保存

（10）设置网络功能

在设置模式下还可对测试仪的网络功能进行设置，包括设置测试仪的 IP 地址（静态分配或 DHCP）和目的 IP 地址，如图 7-25 所示。

3．自动测试模式

使用该模式，只需要首先选定正确的电缆类型，使用 TEST 键就能对当前的链路进行全面的自动测试，并能保存测试结果。

具体操作步骤如下：

（1）选择自动测试模式

使用旋转按钮，选择自动测试模式，开始对链路进行自动测试，在屏幕中将会显示当前测试的链路模型、标准、测试人员信息、地点、当前文件夹等内容，如图 7-26 所示。

图 7-25　设置网络功能

图 7-26　自动测试结果

（2）自动测试结果

当选择了正确的测试链路模型，将链路正确连接了主机和远端机后，按 TEST 键就能对链路进行测试，完成后将自动保存测试结果。可使用方向键和回车键查看每项电气参数，如图 7-27 所示。

4．单项测试模式

使用该模式，可对链路中的各项单项模式进行单独的测试，包括接线图、电阻、长度、传播延迟、插入损耗、NEXT 等。

具体操作步骤如下：

使用旋转按钮，选择单项测试模式，对链路进行单项测试。但该种测试只能直接显示测试结果而无法对测试模式进行保存，如图 7-28 所示。

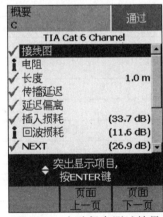

图 7-27　自动保存测试结果

图 7-28　自动测试

7.2　WireXpert 超万兆线缆认证测试仪

赛博 WireXpert 线缆认证测试仪是当前市场上技术最先进、测试速度最快的线缆认证测试设备，其测试频率高达 2 500 MHz，可以支持当前和未来所有布线标准，专利设计的数字化测

试组件可提供比同类产品更快的测试速度，可在不到
9 s 内完成超六类（CAT6A）线缆测试，　并在 11 s 内完
成 Class FA 标准测试。同时，WireXpert 也支持单多模
光纤、同轴电缆等多种线缆测试，以及双绞线跳线和
MPO 多芯光缆的测试需要，测试仪如图 7-29 所示，其
技术指标如表 7-2 所示。

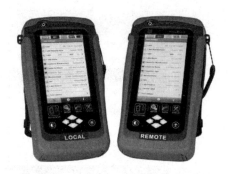

图 7-29　WireXpert 线缆认证测试仪

表 7-2　WireXpert 系列技术指标

线　缆　类　型	局域网用屏蔽和非屏蔽双绞线（STP、FTP、SSTP 和 UTP）
测试标准	① TIA Cat5、5e、6、6A、7A（草案）TIA：TR 24750 ② ISO/IEC 11801 标准：Class C 级、D 级、E 级、EA 级、F 级 ③ EN 50173 标准：D 级、E 级、Ea 级、F 级 ④ 国家标准：GB 50312—2016 Cat5、5e、6、7
自动测试速度	完整的双向超六类双绞线链路自动测试时间：9 s 或更少；双向自动测试 ISO/IEC Class F 链路只需 15 s
支持的测试参数	（测试参数及测试的频率范围由所选择的测试标准所决定） 接线图、长度、传输时延、时延偏离、插入损耗（衰减）、回波损耗，远端回波损耗、近端串扰、远端近端串扰、衰减串扰比(ACR-N)、ACR-N　Remote、ACR-F（ELFEXT）、ACR-F Remote PS ACR-F（ELFEXT）、PS ACR-F　Remote PS NEXT、PS NEXT　Remote PS ACR-N、PS ACR-N　Remote，综合外部近端串扰（PS ANEXT）、综合外部衰减远端串扰比(PS AACR-F)
显示	带背景灯的无源彩色透射 LCD，触摸屏、屏幕尺寸为 5 英寸
输入保护	能经受持续的电压和 100 mA 的过电流。偶尔的 ISDN 过压不会造成仪器损坏
便携包	黑色尼龙携带包
尺寸	主机与智能远端：23.2 cm×12.6 cm×8.67 cm
质量	1.4 kg （未接测试模块时）
工作温度	0～40℃
保存温度	−20～60℃
可操作的相对湿度（非凝结）	0～35℃：0%～90% 35～45℃：0%～70%
振动	随机，2 g，5～500 Hz
震动	1 m 跌落试验，无论是否带有模块式适配器
安全	CSA C22.2 No. 1010.1:1992 EN 61010-1 第 1 版+修订 1，2
污染级别	IEC 60664 中描述的 2 级污染，遵守 IEC609502-22:2016
高度	操作：4 000 m；保存：12 000 m
EMC	EN 61326-1

续表

线 缆 类 型	局域网用屏蔽和非屏蔽双绞线（STP、FTP、SSTP 和 UTP）：
电源	主机与远端：锂离子电池，7.4 V，4 000 mA·h
	典型电池使用时间：12～14 h
	充电时间（关机状态）：4 h（低于 40℃）
	交流适配器/充电器，国际版本：开关电源；输入 AC 90～264 V，48～62 Hz；输出 DC15 V，1.2 A（隔离输出）
	主机中存储单元备用电池：锂电池
	锂电池典型寿命：5 年
	在 0～45℃温度范围外电池不会充电
	在 40～45℃温度范围内电池充电效率会降低
支持的语言	英语、法语、德语、西班牙语、简体中文、日语、波兰语

　　赛博 WireXpert 超万兆线缆认证测试仪系列共有两款产品，分别为标准型 WX4500-FA 和经济型 WX350。WX4500-FA 可支持高达 1 600 MHz 测试频率，可满足当前所有国内和国际最高等级标准的认证测试，如 ISO Class FA、TIA Cat6A、Cat7、GB Cat7 等。经济型 WX350 可支持最高 TIA 或 GB Cat6 布线测试，以及超五类和五类线测试。目前，该款测试仪使用了新型的双机控制技术（DCSTM）使得主副机具备相同的显示和测试能力，从而简化了测试操作。其设备端口布局图如图 7-30 所示。

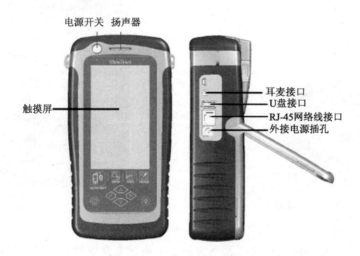

图 7-30　设备端口布局图

1．开启和关闭设备

　　按住电源开关 2 s 可开启测试仪，按住电源开关 5 s 则可关闭测试仪。开机后，主副机标志显示在测试仪屏幕界面的左上角，如图 7-31 所示。

　　注意：虽然主副机的硬件完全一样，但目前版本的软件在功能上有两项不同之处。

　　（1）测试结果曲线图只在主机上显示。

　　（2）所有测试结果都只存储在主机中。

2．适配器连接

把特制的测试跳线小心地插入永久链路适配探头的探头盒，永久链路适配探头即装配完成，以后当探头使用次数超过最大允许值时，只需要更换特制的测试跳线即可继续使用，如图 7-32 所示。

图 7-31　显示主副机

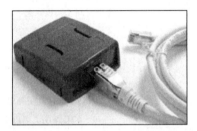

图 7-32　适配器连接

3．内嵌式安装

测试仪采用内嵌式安装模式，防止适配器意外损坏，如图 7-33 所示。

4．主界面

测试仪启动完成后，在主机端将显示如图 7-34 所示的相关内容，包括测接线图、长度和时延测试、NVP 测量、连续自动测试、基准设置、校准设置、重置探头、演示模式等内容。

图 7-33　适配器安装

图 7-34　测试仪待机主界面

5．测试设置菜单

该款测试仪的设置功能是通过屏幕下方的 3 个按钮来设置的，可以通过触摸的方式启动"测试设置菜单"、"系统设置菜单"和"仪器信息菜单"。图 7-35 所示为仪器信息菜单，可以在其中清晰地查看仪器的各项信息，如设备序列号、软件版本、硬件版本等。

6．日期时间设置

设置正确的日期和时间，对于建立可靠的数据组和测试记录是必要的。具体操作步骤：首先单击"系统设置菜单"按钮，选择"日期与时间"选项卡，在其中选择日期时间显示模式，并设置正确的时间和日期，如图 7-36 所示。

7．现场校准

当出现更换测试适配器和更换测试跳线时需要进行现场校准操作。首先在主界面上选择

"校准设置"模块，按照屏幕显示，将主机单元（Local）和远端单元（Remote）用跳线连接起来，按 OK 按钮开始进行现场校准，如图 7-37 所示。

图 7-35　仪器信息菜单

图 7-36　日期时间设置

8．标准选择

在进行任何类型认证测试前都必须选择正确的电缆、光缆类型，首先在主界面中按"测试设置菜单"按钮，并在其列表中选择"标准"选项卡进入标准选择界面，在其中可以选择现行各类常用标准，如图 7-38 所示。

图 7-37　现场校准

图 7-38　选择标准

9．新建文件夹

为了存储自动测试结果，需要新建对应文件夹，首先单击"测试设置菜单"按钮，在其中选择"测试地点"选项卡，并在其中选择新建测试地点，输入新建文件夹名称即可，如图 7-39 所示。

10．NVP 值设置

为了进行长度测量，必须要知道线缆的额定传输速度（NVP）。这个数值可以从关于线缆的技术资料中查找。如果没有这个资料，则应连接一个长度已知（例如 30 m、60 m）的线缆，计算线缆认证测试仪的 NVP，如图 7-40 所示。

图 7-39　新建文件夹

图 7-40　NVP 值设置

11．自动测试

自动测试是针对布线测试最简单和最快捷的测试和认证方法。当按"自动测试"按钮后，测试仪自动运行一系列预先编程的测试，测试完成后，测试仪将显示合格和不合格的总评判结果，以及单项测试合格和不合格结果，如图 7-41 所示。

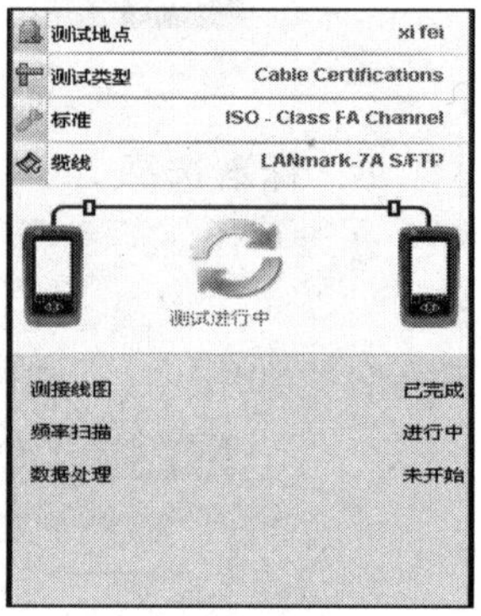

12．设置自动保存结果

在主界面上单击"系统设置菜单"按钮，设置列表后，选择其中的"自动保存结果"选项，并选择 Yes：自动保存选项，如图 7-42 所示。

13．复制结果到 U 盘

将 U 盘插入主机单元（Local）的 USB 接口。在作业列表中，选择需要复制的作业文件夹，选择"拷贝测试结果去 U 盘"，如图 7-43 所示。

图 7-42　设置自动保存结果

图 7-41　自动测试

图 7-43　复制结果至 U 盘

7.3　LANTEK 系列线缆认证测试仪

LANTEK 系列线缆认证测试仪是美国理想工业公司推出的全中文操作界面的局域网线缆

认证测试设备。产品共分两代：以 LANTEK 6B 为代表的是第一代产品；以 LANTEK II 为代表的是第二代产品。

　　LANTEK 6B 系列认证测试仪，其带宽可达 350 MHz，完全符合 6 类/ISO E 级布线测试要求，执行完整的 6 类/ISO E 级自动测试，只需 21 s。LANTEK 7G 系列认证测试仪其测试频率可达 1 GHz，从而满足并超过超 6 类及 ISO F 级标准。同时，两种系列的测试仪均可向下兼容 3、5、5e 各类布线测试，如图 7-44 所示。

　　LANTEK II 系列认证测试仪是美国理想公司推出的第二代线缆认证测试仪，高速、高性价比，9 s 完成 5e 类认证测试，14 s 完成 6 类认证测试，10 Gbit/s 线外串扰测试速度较同类仪表快 4 倍。采用专利技术，不再使用特殊永久链路适配器，只用普通标准跳线即可完成绝大多数布线工程测试任务，最大限度地节约了时间与成本。

　　LANTEK II 350、LANTEK II 500、LANTEK II 1000 分别以其最高测试带宽命名。LANTEK II 350 线缆认证测试仪可认证 6 类及以下级别铜缆；LANTEK II 500 线缆认证测试仪专为 6A 类铜缆设计，同时向下兼容所有类别铜缆认证测试；LANTEK II 1000 是世界上能满足 1 000 MHz 测试带宽的最快认证测试仪表，超过 7 类（F 级）600 MHz 测试要求，达到 7A 类（FA 级）1 000 MHz 认证标准，并满足有线电视、数据、语音共享系统的测试要求，如图 7-45 所示。

图 7-44　LANTEK 6B 系列认证测试仪

图 7-45　LANTEK II 系列线缆认证测试仪

1．LANTEK 6 线缆认证测试仪

　　LANTEK 6 线缆认证测试仪是由主机和远端机组成的，如图 7-46 所示。其相关按钮功能如表 7-3 所示。

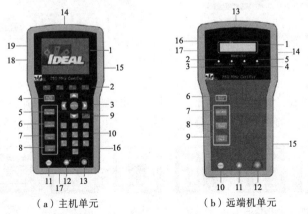

（a）主机单元　　　　　　（b）远端机单元

图 7-46　LANTEK 线缆认证测试仪的主机单元和远端机单元

表 7-3 LANTEK 测试仪功能键介绍

主 机 单 元	远端机单元
1. 彩色中文显示屏	1. 双行 LCD 显示屏
2. 选项键	2. 危险指示灯
3. 箭头/确认键	3. 合格指示灯
4. 自动测试键	4. 不合格指示灯
5. 接线图键	5. 电源指示灯
6. 长度/时域反射（TDR）测量键	6. 自动测试键
7. 对讲/分析键	7. 退出键
8. 帮助/设置键	8. 音调键
9. 退出键	9. 对讲键
10. 字符数字键	10. 功能转换键
11. 功能转换键	11. 背光键
12. 背光键	12. 电源开关
13. 电源开关	13. 低串扰连接器接口
14. 低串扰连接器接口	14. 耳机话筒插口
15. 耳机话筒插口	15. 直流输入插口
16. 直流输入插口	16. DB9 串口
17. PCMCIA 插槽	17. USB 接口
18. USB 接口	
19. DB9 串口	

启动 LANTEK 6 线缆认证测试仪的电源开关后，将出现欢迎界面，显示测试仪的型号、软件版本、时间和日期、供电方式等信息。进入测试仪后将出现操作主界面，如图 7-47 所示。

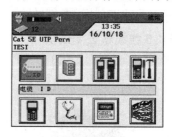

（a）欢迎界面   （b）主界面

图 7-47 测试仪欢迎界面及主界面

在主界面中可以看到，该测试仪共有 8 个主要的操作选项卡，分别是"电缆 ID""已存储测试""现场校准""首选项""仪器""分析""光纤""电缆类型"，如图 7-48 所示。

电缆ID   已存储测试   现场校准   首选项   仪器   分析   光纤   电缆类型

图 7-48 功能选项卡介绍

（1）电缆 ID

该选项中主要设置的是测试作业的 ID 号，以及单个 ID 和双重 ID 之间的切换。首先在主界面中采用方向键选择"电缆 ID"，按确认键选择进入该设置菜单。进入后将会有 3 个选择菜单："增加电缆 ID""设置电缆 ID""选择双重 ID"。

具体操作步骤如下：

① 选择"电缆 ID"选项卡。在主界面中选中"电缆 ID"选项卡，进入后可看到 3 个基本选项，如图 7-49 所示。

② 增加电缆 ID，选择"增加电缆 ID"选项后将在屏幕下方的数字自动添加 1，由原先的 0000 变为 0001，如图 7-50 所示。

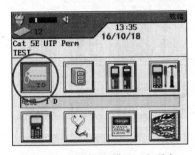

图 7-49　选择电缆 ID 选项卡

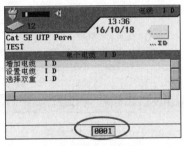

图 7-50　增加电缆 ID

③ 设置电缆 ID。使用该选项可对单独的一根测试电缆进行自定义设置，主要包括设置电缆名称和当前值。测试仪中对测试电缆的命名主要包括电缆名称+当前值，如 TEST0000、TEST0001、TEST0002 等，如图 7-51 所示。

④ 选择双重 ID 设置。使用双重 ID 方式是为了更明确地表示出测试的内容以及测试的地点，即在工作区和管理间同时对一条链路进行测试，但所采用的标识却可以不同，从而比较两种测试结果的不同，这就是双重 ID 方式，如图 7-52 所示。

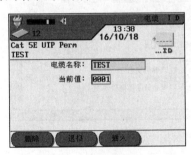

图 7-51　设置电缆 ID

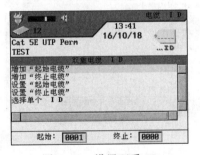

图 7-52　设置双重 ID

⑤ 双重 ID 具体设置。具体设置中包括增加起始电缆、增加终止电缆、设置起始电缆和设置终止电缆，相关设置内容和单个 ID 类似。最后可以选择单个 ID 返回单个电缆 ID 方式，如图 7-53 所示。

（2）已存储测试

该选项中主要设置的是测试结果保存在哪个文件夹中，以及新建作业文件夹、删除作业文件夹、选择当前文件夹、查看文件夹中的测试记录等内容，是测试仪中的一个关键选项。

因为所有重要的测试数据都是在该选项中，在进行测试数据下载时也是直接运行该选项来进行操作的。进入该选项后单击屏幕下方的"选项"按钮，将能对当前文件夹做更多的相关处理，包括显示当前作业和所有作业的信息、删除或重命名作业、新建作业、使当前作业处于当前状态、恢复全部已删除的作业、将选择的作业存储至袖珍内存。

具体操作步骤如下：

① 选择已存储测试选项卡。在主界面中选中"已存储测试"选项卡，进入后可看到所有的作业列表，即所有的存储结果文件夹，如图 7-54 所示。

图 7-53　双重 ID 具体设置

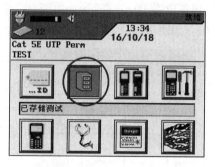

图 7-54　"已存储测试"选项卡

② 查看所有作业列表。进入选项卡后可查看到所有的作业信息，在此界面中请注意界面下方的"选项"按钮，通过此按钮后可对作业列表进行具体操作，如图 7-55 所示。

③ 查看当前作业信息和所有作业信息。当单击"选项"按钮后，可以查看当前作业的信息和所有作业的信息，具体查看内容包括当前作业信息、所有作业信息等相关信息，如图 7-56 所示。

图 7-55　作业列表

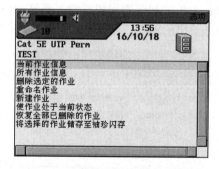

图 7-56　查看作业信息

④ 新建作业。为当前的测试新建一个文件夹，用于保存测试结果。例如，新建作业 A2，可选择"新建作业"选项，选中后会要求输入作业名称，如图 7-57 所示。

⑤ 输入新建作业名。使用字符数字键区输入作业名，如图 7-58 所示。

⑥ 使作业处于当前状态。使当前文件夹处于活动状态，所有测试结果将全部保存在该文件夹中。用户可以在作业列表的左上角查看到当前作业文件夹的名称，如 TEST，如图 7-59 所示。

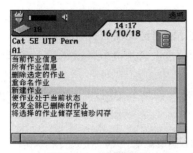

图 7-57　新建作业

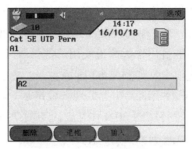

图 7-58　输入作业名

⑦ 选中文件夹。要想指定文件夹处于活动状态就必须先选中它，然后单击作业列表界面下方的"选择"按钮，选中文件夹（如 A1），如图 7-60 所示。

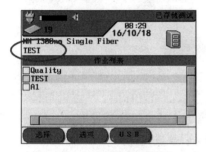

图 7-59　查看当前活动作业

图 7-60　选中作业

⑧ 具体设置。选中文件夹后可单击"选项"按钮，在其中选择"使作业处于当前状态"，这时系统将自动返回作业列表，并且屏幕左上角将变换为指定文件夹（如 A1），如图 7-61 所示。

⑨ 删除选定作业和恢复全部已删除的作业。用户可以对测试结果进行删除，当对某个测试结果进行删除后，其删除效果其实并未被完全删除，只是被逻辑删除，类似计算机中的垃圾桶功能，在此就有一项功能可完全恢复已被逻辑删除的文件，如图 7-62 所示。

图 7-61　使作业处于当前状态

图 7-62　删除和恢复作业

（3）现场校准

现场校准是测试仪在进行各类测试之前必须完成的一项任务，因为测试仪在多次测试后必然会出现某些误差。一般情况下，每隔 7 天就必须对测试仪进行一次全面校准，以保证测试结果正确。在进行大规模测试之前也需要对测试仪进行一次校准，校准原理比较复杂，但在操作上测试仪专门为其设置了一个"现场校准"选项，方便使用者进行校准。

具体操作步骤如下：

① 选择"现场校准"选项卡。为主机与远端机装好信道适配器，打开主机电源和远端机电源，将准备用于远端机使用的测试跳线接到主机与远端机上，主机准备就绪后，选择"现场校准"选项卡，如图 7-63 所示。

② 开始校准。在主机现场校准屏，单击"开始"按钮对第一根跳线（远端跳线）进行校准，此过程持续约 30 s 后完成，如图 7-64 所示。

图 7-63　"现场校准"选项卡

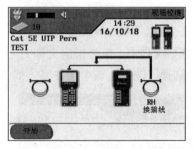

图 7-64　开始校准

③ 第二步校准。第一根跳线校准后，在远端机的接线上做好标记。从主机与远端机上取下此跳线，将第二根测试跳线接到主机与远端机适配器上。从主机现场校准屏，单击"开始"按钮开始对第二根跳线的校准过程，此过程持续约 30 s 后完成，如图 7-65 所示。

④ 第三步校准。第二根跳线校准后，从远端机上取下跳线，（主机跳线不动）。将第一根跳线做有标记的一段插回远端机适配器。在主机现场校准屏，单击"开始"按钮（或 AUTOTEST 按钮）开始第三步校准过程，同时，在远端机上，单击 AUTOTEST 按钮开始同步校准，如图 7-66 所示。

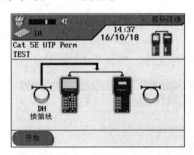

图 7-65　第二步校准

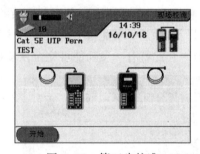

图 7-66　第三步校准

⑤ 校准完成。如果校准成功，主机将显示简明提示，"校准完成"并且远端机的合格指示灯亮。如果校准不成功，主机将显示简明提示，如图 7-67 所示。

（4）首选项

首选项中包含了所有与测试仪有关的参数，包括用户信息、自动测试首选项、对比度、超时选项、度量单位、波特率、对讲机、日期和时间、语言、恢复默认值、选择保存介质等。以下简要介绍几项内容的基本设置。

具体操作步骤如下：

① 选择"首选项"选项卡。在测试仪主界面中选择"首选项"选项卡，进行各类参数的

设置，如图 7-68 所示。

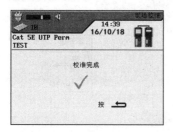

图 7-67　校准完成

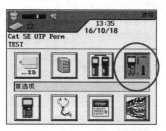

图 7-68　"首选项"选项卡

② 更改用户信息。进入首选项设置模式后，可看到所有的设置选项，包括用户信息、度量单位、日期与时间、语言、恢复默认值等相关内容，其中的"用户信息"用来标明测试工程的实施者，如图 7-69 所示。

③ 设置用户信息。在"用户信息"选项中，可以对用户的名称、公司以及承包方进行具体设置，如图 7-70 所示。

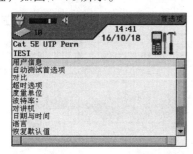

图 7-69　"用户信息"选项卡

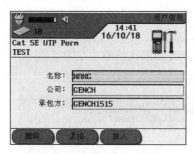

图 7-70　设置用户信息

④ 更改自动测试首选项。自动测试首选项是设置自动测试的情况下添加的附加条件，如测试失败时自动停止、自动保存测试结果、自动增加电缆 ID 号等，具体设置方式为进入"首选项"选项卡后，选择自动测试首选项就可进行相关设置，如图 7-71 所示。

⑤ 更改度量单位。度量单位是指测试时显示的线缆长度，默认情况下使用英尺作为度量单位，也可以使用米作为标准度量单位，可使用功能键进行设置，如图 7-72 所示。

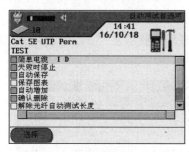

图 7-71　设置自动测试首选项

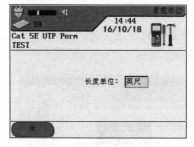

图 7-72　设置度量单位

⑥ 更改语言选项。为了能使各个不同国家的用户都能使用，测试仪能够支持多国的语言系统，默认情况下是英语，可以使用上下的方向键来改变相关的语言设置，如图 7-73 所示。

⑦ 更改测试仪显示时间。该选项可以修改时间格式、时间、日期格式、日期等，如图 7-74 所示。

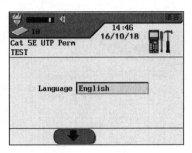

图 7-73　语言选择

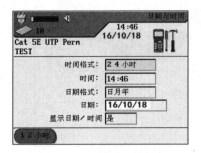

图 7-74　设置显示时间

（5）仪器

测试仪的相关版本信息也应该是用户关注的一个重点，因为需要及时为测试仪进行软件升级以提高测试效能。所以，需要对"仪器"这个选项卡进行相关的设置和查看，包括需要了解测试仪的详细版本信息、上次测试的情况等。

具体操作步骤如下：

① 选择"仪器"选项卡。在测试仪主界面中选择"仪器"选项卡，进行各类参数的查看，如图 7-75 所示。

② 查看测试仪的基本信息。进入"仪器"选项卡后可选择其中的"关于"选项，查看测试仪的基本信息，如图 7-76 所示。

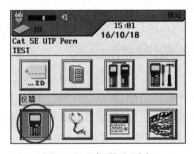

图 7-75　仪器选项卡

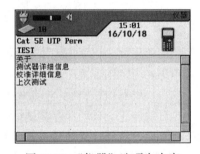

图 7-76　"仪器"选项卡内容

③ 查看测试仪相关信息。内容包括测试仪型号、版本、频率等相关信息，如图 7-77 所示。

④ 查看校验详细信息。内容包括工厂校验信息和现场校验信息，以便能及时进行测试仪的校验操作，如图 7-78 所示。

图 7-77　测试仪基本信息

图 7-78　校准详细信息

（6）分析

测试仪上专门有一个"分析"选项，内容包含所有需要进行测试的电气参数，包括接线图、电阻、长度、电容、近端串扰、衰减、回波损耗、阻抗等几乎所有的电气特性，用户可根据实际需要来对电缆进行某一项的专项测试。

具体操作步骤如下：

① 选择"分析"选项卡。在测试仪主界面中选择"分析"选项卡，进行各类参数的查看，如图 7-79 所示。

② 查看所有电气参数。进入选项卡后可根据电缆的类型和测试标准，提供所有电气参数的单项测试选项，包括接线图、电阻、长度、电容、近端串扰、衰减、回波损耗、阻抗等，如图 7-80 所示。

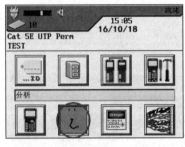
图 7-79 "分析"选项卡

图 7-80 测试选项

③ 接线图单项测试。将线缆与测试仪的两个模块适配器相连，选择"分析"选项卡，选择其中的"接线图"测试就能得到当前线缆的直观接线图，如图 7-81 所示。

④ 近端串扰单项测试。近端串扰作为测试过程中的一个重要参数，一共有 12 个测试结果，其中只要有一个不通过，整个结果就不能通过，在每个测试结果中可以继续查看相关的测试图形，如图 7-82 所示。

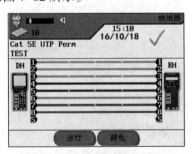
图 7-81 接线图单项测试

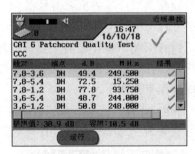
图 7-82 近端串扰单项测试

⑤ 未通过的近端串扰。在测试过程中，只要有一个线对的近端串扰未通过，就会被判定为不通过，如图 7-83 所示。

⑥ 近端串扰详细分析。可以使用功能键，单击"运行"按钮，进一步查看线对的近端串扰情况，在图形中黑的线为极限值，测量值必须低于这个值，一旦超出测试就不能通过，如图 7-84 所示。

⑦ 线缆长度单项测试。使用"分析"选项卡中的"长度"测试对当前线缆的长度进行测试，测试结果将显示每个线对的电缆长度，如图 7-85 所示。

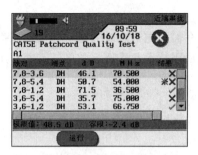

图 7-83　未通过测试

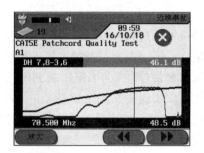

图 7-84　详细测试结果

⑧ 衰减单项测试。随着线缆距离的增大，以及线缆所受到干扰的增强，传输信号必然出现衰减，因此衰减也是一个非常重要的参数。在测试操作上，同样将被测电缆连接到测试仪的两个模块上，并选择正确的电缆类型。选择"分析"选项卡，选择其中的"衰减"选项，开始进行测试。衰减共有 4 个结果，每对线出一个衰减结果。在显示中会指明所测试到的最差值，以及与极限值之间的容限，如图 7-86 所示。

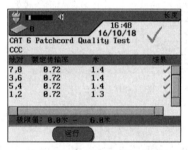

图 7-85　线缆长度单项测试

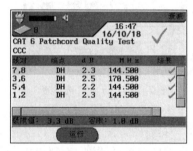

图 7-86　衰减单项测试

⑨ 回波损耗单项测试。回波损耗测试是测量反射信号对传输信号强度的比率，用优质电缆铺设的线路其所产生的反射信号很少，说明线路各个部件中阻抗匹配性好，如图 7-87 所示。

（7）光纤与电缆类型

在进行任何测试操作之前必须首先选择合适的测试电缆或光缆类型，这样才能提供正确的测试标准，在这里就提供了两个电缆选择菜单，即光纤菜单和电缆类型菜单。

具体操作步骤如下：

① 选择"光纤"选项卡或"电缆类型"选项卡。在测试仪主界面中可选择"光纤"选项卡或"电缆类型"选项卡，进行各类电缆或光缆的选择，如图 7-88 所示。

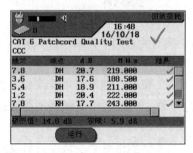

图 7-87　回波损耗单项测试

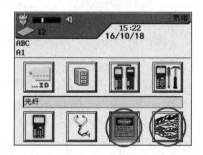

图 7-88　"光纤"与"电缆类型"选项卡

②　光纤类型选择。在"光纤"选项卡中，可根据实际测试光纤，选择光纤的基本类型，包括单模、多模，如图 7-89 所示。

③　电缆类型和链路类型选择。在"电缆类型"选项卡中可对电缆的类型和链路的类型进行选择，包括双绞线永久链路、双绞线、基本链路、双绞线通道等，如图 7-90 所示。

LANTEK II 电缆认证测试仪是由主机和远端机组成的，如图 7-91 所示。其相关按钮功能如表 7-4 所示。

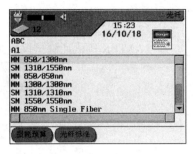

图 7-89　光纤类型选择

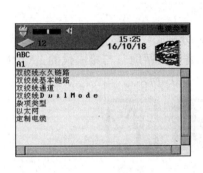

图 7-90　电缆类型选择

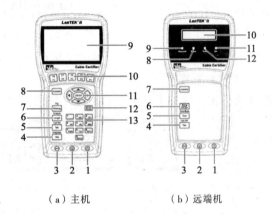

（a）主机　　　　　（b）远端机

图 7-91　LANTEK II 电缆认证测试仪的主机和远端机

表 7-4　LANTEK II 测试仪功能键介绍

主机单元	远端机单元
1. 开/关	1. 开/关
2. 背景照明灯	2. 背景照明灯
3. Shift	3. Shift
4. 帮助/语言	4. 通话/呼叫主机单元
5. 通话/呼叫远端单元	5. 音调/音调模式
6. 长度/分析	6. Escape 键
7. 接线图/文件	7. 自动测试
8. 自动测试	8. 测试通过 LED 指示灯
9. TFT 显示器	9. 危险电压指示灯
10. 功能键【F1】～【F5】/【F6】～【F10】	10. LCD 显示屏
11. 箭头/【Enter】键	11. 开机指示灯
12. Escape 键	12. 测试不合格指示灯
13. 字符键	

2. LANTEK Ⅱ测试仪

LANTEK Ⅱ 认证测试仪在主界面上与 LANTEK 6B 测试仪基本类似，如图 7-92 所示。

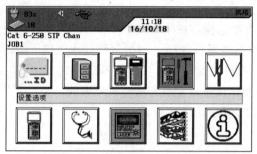

图 7-92　LANTEK Ⅱ 主界面

在主界面中可以看到，该款测试仪共有 10 个选项卡，分别是"电缆 ID""已存储测试""现场校准""首选项""发生器""仪器""分析""光纤""电缆类型""帮助"，与第一代的 LANTEK 6B 测试仪相比，增加了"发生器"和"帮助"菜单，如图 7-93 所示。

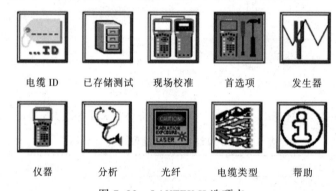

电缆 ID　　已存储测试　　现场校准　　首选项　　发生器

仪器　　　分析　　　光纤　　　电缆类型　　帮助

图 7-93　LANTEK Ⅱ 选项卡

LANTEK Ⅱ 线缆认证测试仪作为 IDEAL 公司推出的第二代线缆认证测试仪，在功能与操作界面上与第一代基本相同，因此不再进行重复介绍，只对新增的两个菜单模块进行简单的介绍和说明。

（1）发生器

LANTEK Ⅱ 线缆认证测试仪的主机和远端机都配备了音频发生器的功能，即使用主机或者远端机，配合音频探针，能进行线缆的探寻，主机或者远端机能发出"低"音调、"高"音调，或"颤音"音调，这些声音能被大多数标准电缆音频探针检测到。典型连接图如图 7-94 所示。

具体操作步骤如下：

① 将主机端与被测电缆相连。

② 用方向键在主界面上选择发生器功能模块，按【Enter】键确认。

③ 使用软按键上下按钮选择发生音频信号的线对(线对 12、线对 36、线对 54 或线对 78)。

④ 选择音调信号，即按【Shift】键，并用软按键激活低音、高音或颤音。

⑤ 使用探针探寻相关目标线缆。

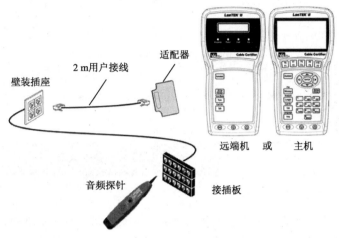

图 7-94 音频发生器典型连接图

（2）帮助

"帮助"菜单主要是为了使用户能更快捷地使用设备的相关帮助功能，LANTEK 系列认证测试仪提供了全中文的帮助信息，只需要选择该功能就可对目前显示的条目进行详细的介绍与说明。

习 题

1. 测试仪包括认证测试仪和＿＿＿＿＿＿＿＿，WireXpert 系列测试仪属于＿＿＿＿＿＿＿。

2. DTX 认证测试仪若要进行自检，必须同时使用＿＿＿＿＿＿适配器和＿＿＿＿＿适配器。

3. LANTEK 测试仪的主界面上共有 8 个操作菜单，分别是＿＿＿＿＿＿、＿＿＿＿＿＿、＿＿＿＿＿＿、＿＿＿＿＿＿、＿＿＿＿＿＿、＿＿＿＿＿＿、＿＿＿＿＿＿、＿＿＿＿＿＿。

4. LANTEK 测试仪频率可达 350 MHz，完全符合＿＿＿＿＿＿布线测试要求。

5. WireXpert 测试仪的设置功能可使用触摸按钮方式进行设置，具体包括＿＿＿＿＿＿菜单、＿＿＿＿＿＿菜单和＿＿＿＿＿＿菜单。

6. 若要查看 LANTEK 测试仪的仪器版本信息等内容，可选取＿＿＿＿＿＿选项卡。

7. 使用 LANTEK 测试仪，若要更改操作人员信息，可选择＿＿＿＿＿＿选项卡，在其中进行设置，操作人员信息设置的内容包括＿＿＿＿＿＿、＿＿＿＿＿＿和＿＿＿＿＿＿。

8. 使用 LANTEK 测试仪，若要在进行自动测试过程中能保存图表信息，以便更清楚地了解测试结果，则应选择＿＿＿＿＿＿选项卡，在其中的＿＿＿＿＿＿选项中进行相关设置。

9. 在进行现场校验的过程中，LANTEK 测试仪一般需要进行＿＿＿＿＿＿次的校验。

10. 在 LANTEK 测试仪中，若要将测试仪数据导出到计算机中，除了将 USB 线连接到计算机和测试仪接口外，还需要选择＿＿＿＿＿＿选项卡，再使用功能键【F3】选择＿＿＿＿＿＿选项，从而完成连接。

第8章

综合布线系统工程认证测试

本章主要介绍了各类认证测试，具体包括数据跳线测试、布线链路测试、光纤认证测试等，其中布线链路测试中包括通道链路测试和永久链路测试，光纤认证测试中包括光纤链路测试和OTDR测试，并对如何生成测试报告和如何进行报告分析进行了详细介绍。

8.1 数据跳线的测试方法

FLUKE公司推出的DTX系列认证测试仪通过提高测试过程中各个环节的性能，大大缩短了整个认证测试的时间。一般完成一次6类链路自动测试的时间比其他仪器快3倍，比进行光缆认证测试时快5倍。DTX系列还具有IV级精度、智能故障诊断能力、900 MHz的测试带宽、12 h电池使用时间和快速仪器设置，并可以生成详细的中文图形测试报告。

DTX系列认证测试仪可以通过更换背板模块的方式完成多种不同类型的认证测试，可更换的背板模块包括通道链路测试适配器、永久链路测试适配器、光纤链路测试适配器、100 m电缆测试适配器、跳线测试通用适配器和同轴电缆测试适配器等，具体模块如图8-1所示。

（a）100 m 电缆测试适配器

（b）跳线测试通用适配器

（c）同轴电缆测试适配器

（d）光纤链路测试适配器

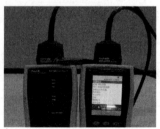
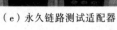
（e）永久链路测试适配器

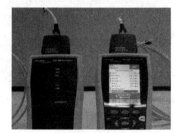
（f）通道链路测试适配器

图 8-1 DTX 测试适配器

DTX 认证测试仪具体测试过程如下：

（1）选择测试适配器

DTX 认证测试仪在进行数据跳线测试时，可根据实际情况配合不同的测试适配器，进行不同项目的测试，在此介绍两种情况，即 100 m 电缆认证测试和跳线认证测试。首先在进行测试前安装相应的适配器，并从六类线缆中截取 100 m 长度的线缆，将线缆剥去外表皮，连接到 FLUKE 的专用 100 m 电缆测试适配器上，插入 8 个金属孔中准备进行测试，如图 8-2 所示为 100 m 电缆测试适配器。

（2）进入设置模式

转动测试仪的旋转按钮，调整至测试仪设置模式，即 SETUP 模式，在屏幕中将显示可进行设置的选项，包括电缆和光缆类型的选择、仪器的初始化设置值、网络设置等。在此首先选择"双绞线"选项，如图 8-3 所示。

图 8-2　电缆测试适配器

图 8-3　设置模式列表

（3）选择电缆类型

选择"双绞线"选项，进入子菜单对测试电缆类型进行设置，包括测试极限值和线缆类型。首先选择线缆的"测试极限值"对极限值进行选择，如图 8-4 所示。

（4）选择测试极限值

进入测试极限值选项后，可选择不同的电缆类型，如果所需要选择的标准未在屏幕上，可单击"更多"按钮，如图 8-5 所示。

图 8-4　设置测试极限值　　　　图 8-5　选择电缆类型

（5）确定测试极限值

进入测试极限值选项列表后，单击"更多"按钮，选择列表最末端的"其他"选项，如

图 8-6 所示。

（6）选择 6 类电缆标准

选择"其他"选项后，进入下级列表，选择其中的六类 100 m 电缆标准，即 TIA C6Cable 100m(LA)，如图 8-7 所示。

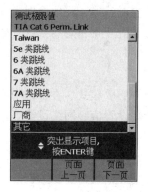

图 8-6　选择"其他"选项

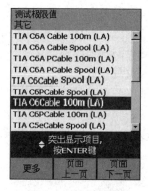

图 8-7　选择标准

（7）其他设置

测试极限值设置完成后可对缆线类型、NVP 值、插座配置进行设置。其中，NVP 值可根据产品说明书设置，如 69.0；插座配置是指打线色标，与被测对象的打线色标顺序一致即可，设置界面如图 8-8 所示。

（8）自动测试

将功能旋钮旋转到 AUTOTEST 模式，可以看到在屏幕上显示了当前测试极限值、缆线类型、操作员信息等相关内容，如果确认无误，可按下主机测试按键 TEST 开始测试，如图 8-9 所示。

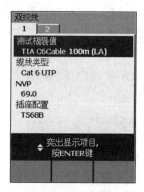

图 8-8　其他设置

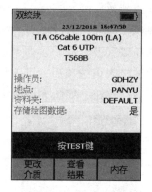

图 8-9　自动测试

（9）测试结果

测试完成后，可在屏幕上看到具体的测试结果，如图 8-10 所示。

（10）更换适配器

在进行基本跳线认证测试时，需要首先更换测试适配器，如图 8-11 所示。

（11）选择电缆类型

转动测试仪的旋转按钮，调整至测试仪设置模式，选择"双绞线"选项，进入子菜单后首先进行测试极限值的设置，选择其中的 6 类跳线，如图 8-12 所示。

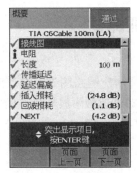

图 8-10　测试结果

图 8-11　更换测试适配器

（12）确认电缆类型

进入电缆类型选择界面后，可进一步选择电缆类型，如果屏幕上未显示所需电缆类型，可单击"更多"按钮进行查找，如图 8-13 所示。

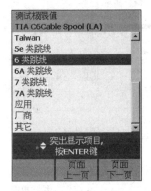

图 8-12　选择跳线

图 8-13　更多选项

（13）选择电缆类型

单击"更多"按钮后，可以更详细地选择电缆类型，例如选择 TIA Patch Cord Cat6 0.5m，如图 8-14 所示。

（14）自动测试

将功能旋钮旋转到 AUTOTEST 模式，按 TEST 键开始自动测试，如图 8-15 所示。

图 8-14　选择电缆类型

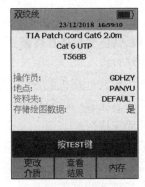

图 8-15　自动测试

8.2 通道永久链路认证测试

1．通道链路测试

通道链路测试是用来测试端到端的链路整体性能，又称用户链路测试。通道链路通常包括最长 90 m 的水平电缆、一个信息插座、一个靠近工作区的可选的附属转接连接器，在楼层配线间跳线架上的两处连接跳线和用户终端连接线，总长度不得超过 100 m，如图 8–16 所示。以下就以 IDEAL 公司出品的 LANTEK 系列测试仪和 FLUKE 公司出品的 DSX–5000 电缆分析仪为例进行通道链路和永久链路的测试。

在使用 LANTEK 测试仪进行测试时，注意连接测试仪与通道链路的是用户跳线，如图 8–17 所示。

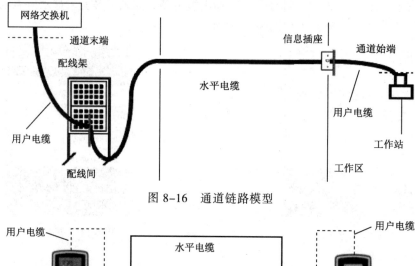

图 8–16　通道链路模型

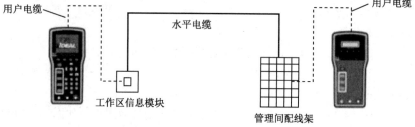

图 8–17　通道链路的测试连接方式

LANTEK 认证测试仪具体测试过程：

（1）现场校准

首先为主机与远端机装好适配器，打开主机电源和远端机电源，选择"现场校准"选项卡，开始校验。注意：一般每隔 7 天就必须对测试仪进行一次全面的校准，如图 8–18 所示。

（2）校验完成

通过 3 次校准完成测试仪的现场校验工作，当校验完成后测试仪会显示简明提示，如图 8–19 所示。

（3）选择正确的电缆类型

与所有相关测试一样，首先要求选择电缆类型。在测试仪中选择在"电缆类型"选项卡，进入选择界面，如图 8-20 所示。

（4）选择正确的电缆类型

在"电缆类型"选项卡中，可以选择多种电缆类型，包括双绞线永久链路、双绞线基本链路、双绞线通道、杂项类型、以太网等，在此选择"双绞线通道"选项，如图 8-21 所示。

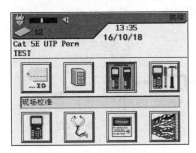

图 8-18　现场校验

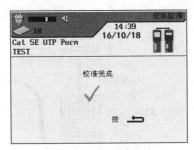

图 8-19　校验完成

图 8-20　"电缆类型"菜单

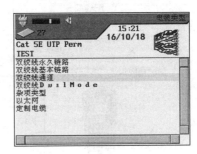

图 8-21　选择电缆类型

（5）选择正确的通道类型

选择双绞线通道后，还需要在子菜单中选择正确的通道类型，根据采用的线缆类型不同，可供选择的通道链路模型有：CAT 3 UTP Chan、CAT 5 UTP Chan、CAT 5 STP Chan、CAT 5E UTP Chan、CAT 5E STP Chan 等，如图 8-22 所示。

（6）自动测试

选择了正确的链路模型后，就可使用测试仪中 AUTOTEST 按钮，对链路进行自动测试，测试完成后可在屏幕中显示相关的测试结果，并可将测试结果进行保存，如图 8-23 所示。

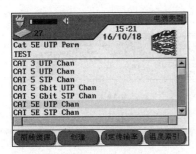

图 8-22　选择正确的通道类型

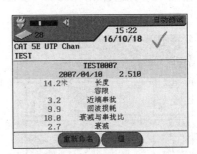

图 8-23　显示测试结果

2．永久链路测试

永久链路又称固定链路，如图 8-24 所示，其将代替基本链路方式。永久链路是由 90 m
水平电缆和链路中相关接头组成，永久链路不包括现场测试仪插接线和插头，以及两端 2 m
的测试电缆，电缆总长度为 90 m。在使用 LANTEK 测试仪进行认证测试时，连接测试仪与永
久链路的是测试仪自带的测试跳线，而非用户跳线，连接方式如图 8-25 所示。

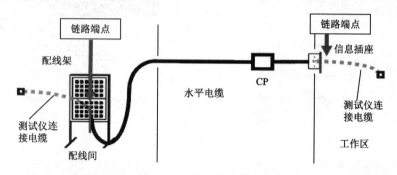

图 8-24　永久链路模型

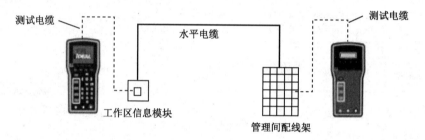

图 8-25　永久链路的测试连接方式

LANTEK 认证测试仪具体测试过程如下：

（1）现场校准

与通道测试一样，在进行永久链路测试时也需要对测试仪进行现场校验操作，以便使测
试结果能准确无误，选择"现场校准"选项卡，如图 8-26 所示。

（2）校验完成

通过 3 次校验完成测试仪的现场校验工作，当校验完成后测试仪会显示简明提示，如图 8-27
所示。

图 8-26　现场校验

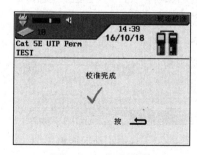

图 8-27　校准完成

（3）选择正确的电缆类型

首先选择正确的链路类型，选择"电缆类型"选项卡，在其中选择双绞线永久链路选项，并在子菜单中选择正确的永久链路类型，这里选择的是 Cat 5E UTP Perm，即超 5 类永久链路模型，如图 8-28 所示。

（4）开始进行测试

选择正确的电缆类型后，可按自动测试按钮（AUTOTEST）对永久链路进行自动测试。测试完成后，会在屏幕上显示具体的测试结果，如图 8-29 所示。该次测试未通过，并且可以从测试结果中发现，未通过的选项是近端串扰。

图 8-28　链路类型选择

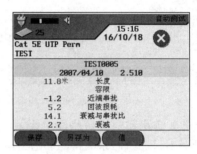

图 8-29　测试结果

（5）查看具体的测试参数值

测试完成后可查看具体的测试结果，如本次测试中显示的是近端串扰出现错误，可以查看错误的原因，发现是 3、6 线对与 5、4 线对的近端串扰不符合要求，如图 8-30 所示。

（6）双链路测试

除了上述的对单一链路（通道链路或永久链路）进行认证测试外，LANTEK 测试仪还可同时进行双链路的认证测试，即同时完成永久链路和通道链路的测试，并可比较两者的不同，使用户对链路性能得到全面的了解。与单一链路测试一样，首先必须选择正确的链路类型，在此选择"双绞线 DuslMode"选项，如图 8-31 所示。

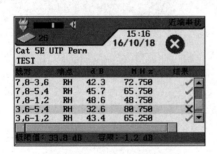

图 8-30　查看详细结果

图 8-31　选择双链路

（7）双链路测试

同时选择通道链路和永久链路模型，即选择 CAT 5E UTP Chan 和 CAT 5E UTP Perm，使其同时对一条电缆进行永久链路和通道的测试。选择完成后按自动测试按钮（AUTOTEST）键开始进行测试，如图 8-32 所示。

（8）查看测试结果

测试结束后将在屏幕上显示具体的测试结果，屏幕左侧为永久链路的测试结果，屏幕右侧为通道链路的测试结果。通过查看测试结果可以得知永久链路测试未能通过，而通道链路则通过了测试，如图 8-33 所示。从结果中就可以非常清楚地了解到永久链路的测试比通道链路的测试要严格得多。

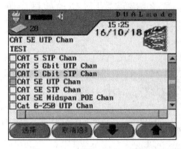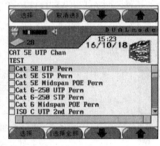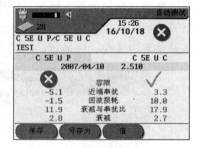

图 8-32　同时选择永久和通道链路　　　　　　　图 8-33　显示测试结果

3. 永久链路和通道链路同时测试

在同时对链路进行永久链路和通道链路测试时，会在当前文件夹中新建两个作业文件，即 TEST0008a 和 TEST0008b，前者是永久链路测试的记录，后者是通道链路测试的记录，如图 8-34 所示。

FLUKE 公司出品的 DSX-5000 电缆分析仪是 FLUKE 网络公司推出的经 Intertek（ETL）认证的，其精度符合 IEC 61935-1 的 IIIe 级、IV 级和 V 级要求以及 ANSI/TIA-1152 的 IIIe 级要求的认证测试仪。测试仪分为主机端和远端，如图 8-35 所示。

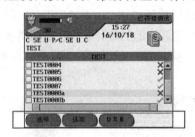

图 8-34　保存测试记录

图 8-35　DSX-5000 电缆分析仪

该款测试仪的特点如下：

① 采用模块化的设计理念，可以支持铜缆认证测试、光缆认证测试。

② 用户操作界面简单，可以防止操作失误。

③ 可以根据测试结果生成测试报告。

④ 得到世界范围内超过 28 家电缆制造厂家的支持和认可。

⑤ 内置外部串扰测试功能。

在此使用 FLUKE 公司的 DSX-5000 测试仪进行通道链路测试和永久链路测试，连接方式如图 8-36、图 8-37 所示。

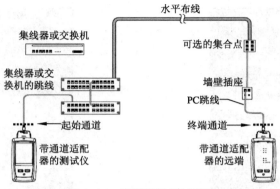

图 8-36 通道链路测试模型

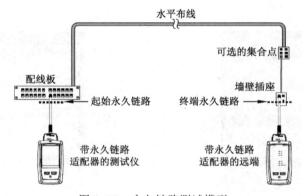

图 8-37 永久链路测试模型

具体测试过程如下：

（1）初始化步骤

使用测试仪进行相关测试前，需要对测试仪进行初始化设置，包括语言设置，测试仪校准等。在主界面上选择"工具"选项卡（见图 8-38），并在其中选择"设置参照"选项，开始进行测试仪自我校验。

（2）自校验设置

在主机端安装 DSX-PLA004S 永久链路适配器，在远端机上安装 DSX-CHA004S 通道适配器，然后将永久链路适配器末端插在 DSX-CHA004S 通道适配器上，并在"设置参照"选项卡中单击"测试"按钮开始测试，如图 8-39 所示。

（3）设置操作员

在主界面中，选择"操作员"选项卡，进行操作员的基本情况设置，选择编辑列表，可以进行删除原有操作员、新建操作员等设置，如图 8-40 所示。

（4）选择测试仪

在主界面中，选择"测试设置"，可以对测试内容进行更改，包括测试仪型号、电缆类型、NVP 值、测试极限值、存储绘图数据、插座配置等，本次实验中，选择的测试仪型号为DSX-5000，如图 8-41 所示。

图 8-38　设置参照

图 8-39　开始测试

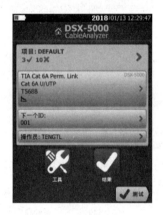

图 8-40　设置操作员

图 8-41　选择测试仪型号

（5）选择电缆类型

选择正确的测试仪型号后，可以根据实际情况选择正确的电缆类型，例如选择 Cat 6A U/UTP，如图 8-42 所示。

（6）选择测试极限值

根据测试链路要求选择正确的极限值，如果需要测试的是通道链路模型，需要在主机端和远端都安装 DSX-CHA004S 通道适配器；如果测试的是永久链路模型，需要在主机端和远端都安装 DSX-PLA004S 永久链路适配器。在本次实验中，以 CAT 6A 通道链路模型为例，选择测试极限值为 TIA CAT 6A Channel，并单击"保存"按钮保存设置，如图 8-43 所示。

（7）选择测试选项

根据实际链路情况选择正确的测试内容，例如选择 CAT 6A 通道链路测试，使用 DSX-5000 测试设备，并将插座配置为 T568B，选择完成后，可以单击"测试"按钮进行链路自动测试，如图 8-44 所示。

（8）测试进程

选择正确的测试条目后，开始进行链路测试，测试进程如图 8-45 所示。测试完成后查看具体测试内容。

图 8-42　选择电缆类型

图 8-43　选择测试极限值

图 8-44　选择测试选项

图 8-45　测试进程

（9）测试结果

测试完成后将会显示相关测试结果，用户可以选择对应内容查看详细信息，如图 8-46 所示。

（10）错误数据查看

完成自动测试后，用户可以直接通过触摸屏幕的方式查看错误线对的故障现象，可以对每一个故障点进行详细的内容分析和查看，并可以了解数据最差值等详细信息，如图 8-47 所示。

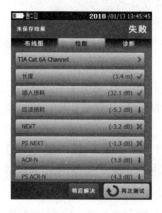

图 8-46　测试结果

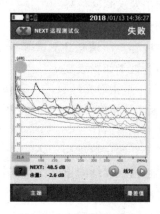

图 8-47　查看错误数据

（11）保存结果

一旦测试结果存在错误，仪器将允许用户进行两种选择：其一是稍后解决；其二是再次测试。如果选择稍后解决，将进入测试结果保存界面，在电缆 ID 处输入名称，选择进行数据的保存，如图 8-48 所示。

（12）查看结果

在测试仪主界面中会显示所有测试结果的基本情况，包括通过的和失败的具体数值。选择该选项后，可以对测试的结果内容进行详细的查看，如图 8-49 所示。

图 8-48　保存结果

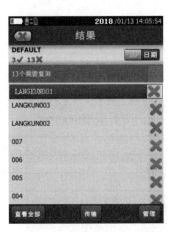

图 8-49　查看结果

8.3　光纤测试技术

目前，在综合布线工程中使用光缆进行铺设的工程已经越来越多，在完成一项光缆铺设任务后，结束该项工程前，必须对光缆进行一次全面的测试和评估，其目的是为了证明光缆铺设和端接是否正确。一般要求对每条光缆进行逐一测试，还要对每条光缆内的每束光纤进行测试，以确保其端接和铺设正确。在进行光纤测试前，首先必须选购合适的光纤测试设备，即光纤测试仪。一般此类设备由两部分组成：一是光源，包括发光二极管（LED）和半导体激光，主要用于发送测试信号；二是光功率计，负责测量接收到的信号。

光纤测试比跳线测试和链路测试难度都大，在进行光纤测试前必须首先了解光纤的测试等级及测试内容。所谓光纤测试等级是指在现场进行光纤测试时的测试级别，一般可分为两个级别，即等级 1 和等级 2。

① 等级 1 是指对光纤只进行衰减和长度测试，使用的设备有光功率计等。

② 等级 2 是指除了衰减及长度测试外还可以进行 OTDR 断点测试，进行等级 2 测试时需要使用到光时域反射计。

了解了光纤测试等级后，还需要清楚光纤测试的具体内容，在工程中进行光纤测试时，其测试内容包括：光纤的连通性测试、光纤的输入/输出功率测试、光纤的衰减和损耗测试、光纤的长度测试、故障定位测试等。以下就以其中一束光纤为例，进行详细的光纤测试分析。

根据光纤的测试内容，可以将光纤的测试技术分为 4 种类型：光纤的连通性测试、光纤的衰减和损耗测试、收发功率测试、反射损耗测试。

8.3.1　光纤的连通性测试

连通性测试是最简单的测试方法，只需在光纤的一端导入光线（如手电光、闪光灯等），在光纤的另外一端查看是否有光线闪烁即可。连通性测试的目的是为了确定光纤中是否存在断点。这种方法可对配线盘中的每根光纤进行快速检测，非常便利和实用。

但由于连通性测试使用的是发光二极管做测试光源，光源的光级别较低，使得实际进入光纤芯子的光较少，结果导致这些光经过长距离的传输后很难被看到或者根本就看不到。

8.3.2　衰减损耗测试

光纤的衰减损耗测试一般采用光损耗测试仪，这种设备由两部分组成：一是光功率计；二是光纤测试光源。光功率计是测试光纤布线链路的基本测试设备，如图 8-50 所示。它可以测量光纤的出纤功率，大多数光功率计是手提式设备，测试波长根据测量对象的不同而改变，可分为 850 nm 和 1 300 nm（多模光纤）、1 310 nm 和 1 550 nm（单模光纤）。光纤测试光源是一种能提供稳定光脉冲的设备，如图 8-51 所示。光纤测试光源必须与光功率计相匹配，其波长也必须符合测试要求。在测试多模光纤时使用到的光源通常是 LED，产生波长为 850 nm 和 1 300 nm 的稳定光脉冲。在测试单模光纤时一般使用激光作为光源，波长一般选用 1 310 nm 和 1 550 nm。

图 8-50　光功率计　　　　　　　图 8-51　测试光源

8.3.3　收发功率测试

收发功率测试是测试布线系统光纤链路的有效方法，使用的设备是光纤功率测试仪和一段跳接线。在实际情况下，链路的两端可能相距很远，但只要测得发送端和接收端的光功率，就可判断出光纤链路的状况，具体操作如下：

① 在发送端将测试光纤取下，用跳接线取而代之，跳接线一端为原来的发送器，另一端为光功率测试仪，使光发送器开始工作，这时在光功率测试仪上就能测得发送端的光功率值。

② 在接收端使用跳接线取代原来的跳线，接上光功率测试仪，在发送端的光发送器工作的情况下，即可测得接收端的光功率值。

发送端和接收端的光功率值之差，就是该条光纤链路上所产生的损耗。

8.3.4　反射损耗测试

反射损耗测试是光纤链路维护时非常有效的一种手段，它使用光时域反射计，又称光纤时间区域反射仪（OTDR）来完成测试工作，其原理是利用导入光与反射光的时间差来测定距离，如此可以准确地判断出故障所在的位置。OTDR 将探测脉冲注入光纤，在反射光的基础上估计光纤的长度。OTDR 适用于故障定位，特别是用于确定光缆断开或损坏的位置。

OTDR 一般采用激光作为其测试光源，通过测试会最终形成一份 OTDR 测试曲线，如图 8-52 所示。

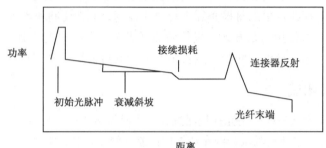

图 8-52　OTDR 曲线

8.4　光纤测试标准

光纤的测试必须符合工业标准和光纤测试标准的规定，光纤性能规范的标准主要来自于 ANSI/TIA/EIA-568-A 和 ANSI/TIA/EIA-568-B.3 标准。这些标准对光缆性能和光纤链路中的连接器和接续了的损耗都有详细的规定。

ANSI/TIA/EIA-526-7：关于单模光缆设备的功率损耗的测试标准，规定了单模光缆布线系统的测试程序。

ANSI/TIA/EIA-526-14：关于多模光缆设备的功率损耗的测试标准，规定了多模光缆布线系统的测试程序。

ANSI/TIA/EIA-455-171A：关于短尺寸多模光缆，折射率渐变光缆和单模光缆组合的衰减测试标准。

ANSI/TIA/EIA-455-61：关于用 OTDR 测试光纤或光缆衰减的测试标准。

8.5　光纤链路测试

光纤链路测试是指对光纤的整个布线链路进行测试，测试内容包括耦合器、光纤接线盘、尾纤、布线光缆、光纤跳线等，测试模型如图 8-53 所示。

目前，对光纤链路的测试设备有很多，如 IDEAL 公司的 LANTEK 及 FLUKE 的 DTX 系列，但由于光纤接口与线缆的接口完全不同，因此在测试前必须为测试仪更换测试模块，如图 8-54 所示。

测试仪对光纤链路进行测试的基本操作流程如下：

① 选择测试光缆链路类型。

② 测试仪现场校验。

③ 对光纤链路进行自动测试。

④ 保存测试结果。

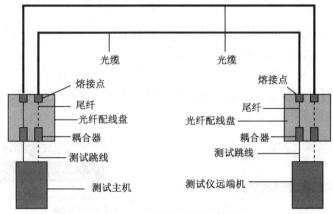

图 8-53　光纤链路测试模型

图 8-54　光纤测试设备

以下就以 LANTEK 测试仪和 DTX 测试仪对多模光纤链路测试为例进行具体介绍。

DTX 测试仪具体测试过程：

（1）安装光纤模块

进行光纤测试前首先需要更换测试模块，由于涉及的测试为光纤一级测试，因此需要使用 DTX 系列光纤长度损耗测试模块，如图 8-55 所示。

（2）更换介质

在进行测试前，首先需要使用功能键【F1】选择更改介质，将测试仪转换成光纤测试界面，如图 8-56 所示。

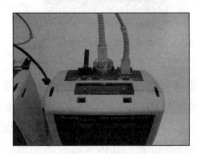

图 8-55　更换模块

图 8-56　更换介质

（3）设置光纤损耗

选择更换介质选项后，出现"介质类型"选项列表，在其中需要首先选择"光纤损耗"选项（见图 8-57），然后选择正确的光缆类型。

（4）光纤测试极限值

选择"光纤损耗"选项后，需要首先确定测试极限值，选中"测试极限值"选项，并按【Enter】键确认，如图 8-58 所示。

图 8-57　设置光纤损耗

图 8-58　设置测试极限值

（5）选择标准

选取了测试极限值后，可进入下级列表，在该列表中选择 China 选项，如图 8-59 所示。

（6）确认标准

进入下级列表后，可查看该款测试设备所拥有的光纤测试标准，在其中选取正确的测试标准，如图 8-60 所示。

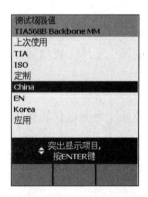

图 8-59　选择标准

图 8-60　选择国标

（7）选择光纤类型

确定测试极限值后，还需要确定光纤类型，可以选择制造商定义的光纤类型，如果不知道具体类型，则可以选择"通用"类型，如选择光纤类型为 Multimode 62.5，如图 8-61 所示。

（8）远端端点设置

确认了测试极限值和光纤类型后，还需要进行远端端点设置，具体包括智能远端、环路、远端信号源等内容的设置，一般可以选择智能远端（见图 8-62）。在双向选项卡中，选择双向，即光纤两个方向的衰减值都要测试，测试合格意味着今后这根光纤可以任意互换收发模块的方向。

图 8-61　设置光纤类型

图 8-62　设置远端端点

（9）适配器熔接点设置

设置完成相关的测试极限值、类型等内容后，还需要选择第 2 个标签，在该标签中需要对适配器数目、熔接点数目、连接器类型等内容进行设置，这些选项对提高测试精度和准确性有重要影响。其中，适配器数目是指被测光纤链路中连接器的数量，一般的光纤链路只有链路"首、尾" 2 个适配器，中间有跳接的则需要增加计算在内，如图 8-63 所示。

（10）准备校准

完成相关参数设置后，需要将旋钮转动至 SPECIAL FUNCTIONS，开始设置基准，如图 8-64 所示。

图 8-63　适配器设置

图 8-64　准备校准

（11）选择适配器

进入设置基准选项，在其中选择光缆模块选项，如图 8-65 所示。

（12）设备连接

选择光缆模块后，屏幕将出现具体连接界面，按照仪器屏幕显示的提示，将两对测试跳线（1#和 2#）各挑出一根连接主机和远端机的对应 OUTPUT 端口和 INPUT 端口。为了避免识别混乱，每根测试跳线两端都有颜色标记（一端红、一端黑），跳线的连接要点："红入黑出"，即让光从跳线的红色端进入，从黑色端输出，如图 8-66 所示。

图 8-65　选择光适配器

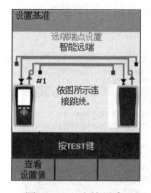

图 8-66　连接设备

（13）基准校验

连接完成后按下 TEST 键，开始进行基准设置，完成后将显示相关结果，如图 8-67 所示。

注意： 跳线与仪器连接的插头在之后的测试过程中不能拔出，否则测试精度会受影响，必须重新进行基准设置。

（14）设置跳线长度

完成测试仪基准测试后，还需要进行跳线长度设置，按功能键【F1】设置跳线长度。测试跳线可以不一样长，并按照屏幕显示进行光缆的连接，如图 8-68 所示。

图 8-67　测试结果

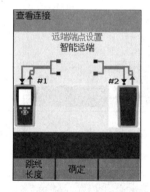

图 8-68　设置跳线长度

（15）连接效果图

将测试仪连接到被测光纤链路中，连接效果图如图 8-69 所示。

（16）自动测试

旋转旋钮置于 AUTOTEST 挡位准备进行测试，使用没有参与设置基准的两根跳线和参与基准设置的两根跳线连接好两根被测光纤，按 TEST 键开始测试，如图 8-70 所示。

（17）完成第一部分

一个方向测试完成后屏幕提示交换测试跳线插入位置再测试另一个方向（因为一根光纤的衰减值两个方向是不同的，都要进行测试），切换好后，按功能键【F2】键继续完成另一个方向的测试，如图 8-71 所示。

图 8-69　连接效果图

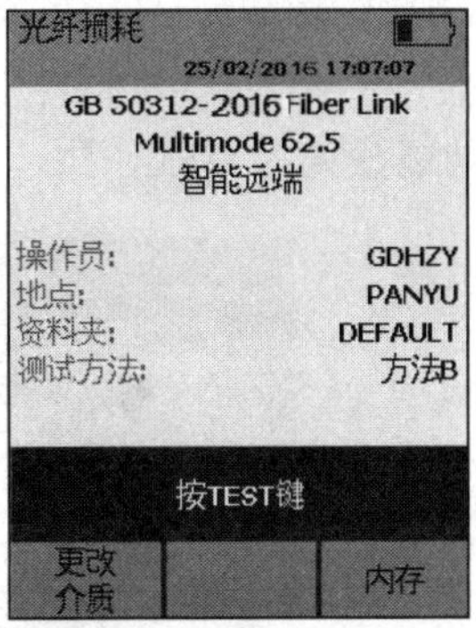

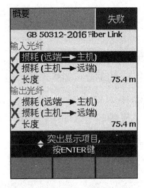

图 8-70　自动测试

（18）完成测试

完成测试后会在屏幕上显示结果概要，如图 8-72 所示。可以移动光标进入想要查看的结果查看测试参数的详细结果，按 SAVE 键可保存结果。

图 8-71　第一部分完成测试

图 8-72　测试完成

8.6　反射损耗测试

反射损耗测试是指使用光时域反射计（OTDR），对断点进行测试和判断，是光纤链路维护时非常重要的一种手段。然而，OTDR 测试对设备和操作要求都很严格，如果需要掌握全部 OTDR 系统的测试技术，相对比较困难，因此很多厂商提供了一些直观简便的测试设备和模块，以求快速准确地进行故障定位，如 IDEAL 公司的 TRACETEK 模块、FLUKE 公司的 DTX 专用紧凑型 OTDR 模块、FLUKE 公司的 OptiFiber 光缆认证（OTDR）分析仪、安捷伦公司的 E6020B FTTx OTDR 等，都是此类产品，以下就以 FLUKE 公司的 OptiFiber 光缆认证（OTDR）分析仪为例进行相关测试介绍。

FLUKE 公司推出了 2 种测试方案来进行 OTDR 测试：其一为 DTX 紧凑型 OTDR；其二为 OptiFiber 光缆认证（OTDR）分析仪。

DTX 紧凑型 OTDR（见图 8-73）是全功能的光时域反射计(OTDR)模块，附加在福禄克网络 DTX 电缆分析仪上使用。它使 DTX 成为一个完整的、易于使用的 OTDR，能够截获并分析单模和多模光纤的信号。其主要功能包括：

① 利用 "DTX 紧凑型 OTDR" 执行具有专家水准的测试与检测。

② 可测量 850 nm、1 300 nm、1 310 nm、1 550 nm 单模和多模链路的 OTDR 曲线。

③ 借助功能强大的 DTX，执行扩展二级认证测试。

图 8-73　DTX 紧凑型 OTDR

OptiFiber 光缆认证（OTDR）分析仪（见图 8-74）是第一台将光缆损耗/长度测试、自动 OTDR 分析、端接面检查等功能集成在一起的现场 OTDR（光时域反射计）测试仪，可以满足千兆、10 千兆或更高速度网络应用的严格测试需求。其主要功能包括：

① 利用集成的 ChannelMap™、自动 OTDR 和光纤端面检查工具，诊断并解决光纤线路问题。

② 界面操作方便、外形小巧、重量轻，可大大提高工作效率。

③ 通过集成的自动 OTDR 分析、自动损耗和长度测量、光纤端面检查等功能进行光纤认证。

④ 事件盲区短，非常适合在企业、校园、城域网络的环境下使用。

⑤ 通过 LinkWare 电缆测试管理软件记录光纤测试结果。

图 8-74　OptiFiber 光缆认证（OTDR）分析仪

OTDR 测试根据发展历史可分为干线型 OTDR 和园区网型 OTDR。干线型需要支持长距离断点定位测试，要求动态范围大（比如 35 dB 以上），但对于解析度则要求不高（比如不能识别 2 m 的跳线，而可能把一根 15 m 的跳线认为是一个连接器）。园区网型 OTDR 则要求解析度高，能识别短跳线，长度一般不超过 20 km，所以动态范围要求 20 dB 左右即可满足要求。

以下就以 FLUKE 公司的 OptiFiber 光缆认证（OTDR）分析仪为例介绍具体测试步骤：

测试仪具体测试过程：

（1）更换测试模块

开机，初始界面如图 8-75 所示。连接发射补偿光纤到 OTDR 测试端口，确认被测光纤当中没有光信号，然后将一段"发射补偿光纤"的另一端插入被测光纤链路的插座（如果第一个被测连接点是插头，则用耦合器接入）。使用发射补偿光纤的目的有两个：一是减少仪器 OTDR 测试接口的磨损，延长端口的使用寿命（被磨损的是发射补偿光纤）；另一个重要目的就是避开发射死区，使得第一个连接点的质量状况也能被精确测试，不受发射死区的影响。同样，如果希望精确查看对端（最后一个）连接器，则需要在对端也连接一段"接收补偿光纤"。补偿光纤（卷）一般建议多模 100 m，单模 130 m，这样的长度可以完全保证第一个或最后一个连接点的质量完全不受补偿光纤长度的影响（过短的补偿光纤会影响分析精度）。

（2）开始测试

按下白色 TEST 键，仪器开始自动测试。由于被测链路的首个接头的质量可能对测试结果影响很大，故仪器会自动对第一个被测端口进行质量评估（分为差、可、好三级）。如果是差，则需要先更换测试跳线或者清洁第一个测试插头，如图 8-76 所示。

图 8-75　主界面

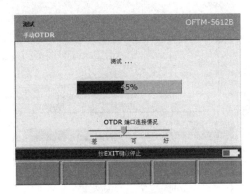

图 8-76　开始测试

（3）测试结果

测试结果如图 8-77 所示，此结果为一个非常典型的万兆高速链路故障测试结果：电缆长度是 228.53 m（OM3 光纤），没有超过 300 m 长度限制。衰减值是 3.13 dB，通过。但链路的误码率很高，网速受到了较明显的影响。问题的原因可能是链路中有质量比较差的连接点或者熔接点。

（4）查看结果

按下"查看事件"键，显示链路中各个"事件"的列表。其中，在 50 m 处的连接器损耗超差（达到了 1.67 dB，失败，需要用光纤显微镜观察质量原因，或者需要重新清洁），61 m 处的熔接点超差（达到了 1.22 dB，失败，需要重新熔接），这很可能就是引起万兆链路误码率升高的真正原因。根据统计结果，高速光纤链路误码率升高的主要原因 90%是因为接头污染（灰尘、手纹），如图 8-78 所示。

（5）查看曲线

按下"查看曲线"键还可以直观地查看 OTDR 测试曲线，如图 8-79 所示。从测试结果图中可以观察到 50 m 和 61 m 的异常情况。

（6）保存结果

按 SAVE 键保存测试结果，可进行标识码的确定，如图 8-80 所示。

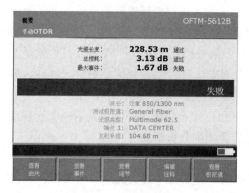

图 8-77　测试结果

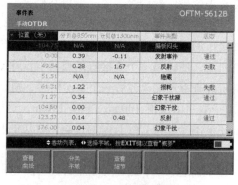

图 8-78　查看结果

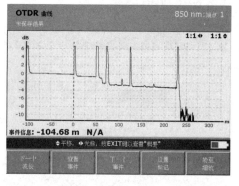

图 8-79　查看曲线

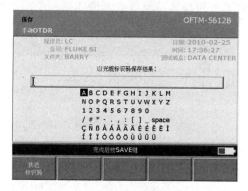

图 8-80　确定标识码

（7）读取数据

可使用 FLUKE 公司提供的 LinkWare 软件将测试结果从测试仪中读取出来，如图 8-81 所示。

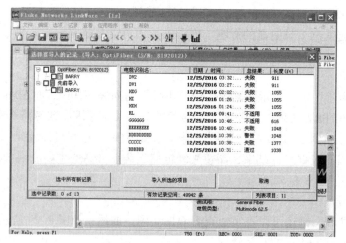

图 8-81　读取数据

（8）分析查看数据

导入数据后，还可以对数据记录进行分析查看，如图 8-82 所示。

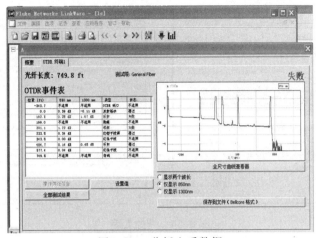

图 8-82 分析查看数据

8.7 测试报告生成软件安装

无论是电缆测试还是光缆测试最终目的都是为了向用户提供一份具有权威说服力的认证测试报告，因此如何将测试记录从测试设备中导出就显得非常重要。各家测试设备生产厂商都提供了各自的测试报告生成软件，分别是 FLUKE 公司和 IDEAL 公司的两款测试报告生成软件，如图 8-83 所示。

微课

IDEAL 测试报告生成软件

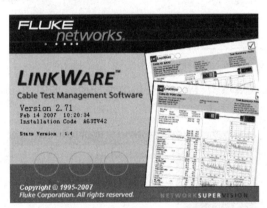

图 8-83 测试报告生成软件

测试报告生成软件的安装与普通应用软件安装并无大的区别，以下就以 IDEAL 公司的测试报告生成软件为例进行介绍。

具体安装步骤：

① 测试报告生成软件可通过网络下载或从相关的测试仪供应商处获得。

② 运行安装程序，开始进行安装。首先可看到相关的软件介绍，并接受相关的协议要求，单击 Next 继续安装，如图 8-84 所示。

③ 选择测试生成软件安装的文件夹，默认安装在 C 盘的 LANTEK_Reporter 文件夹中，并确认相关选择，单击 Install 按钮开始安装，如图 8-85 所示。

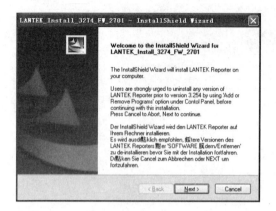
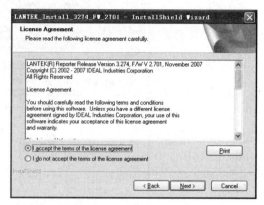

图 8-84　开始安装

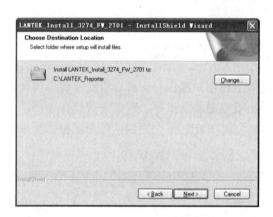
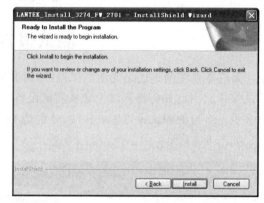

图 8-85　继续安装

④ 开始安装软件，显示相关安装进程，完成后单击 Finish 按钮结束安装，如图 8-86 所示。

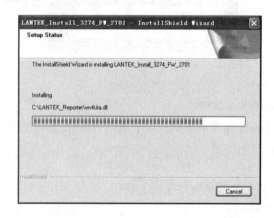

图 8-86　完成安装

⑤ 完成后软件会自动在桌面上建立相关的快捷方式，直接双击就可打开测试报告生成软件，如图 8-87 所示。

测试报告生成软件最主要的作用就是将测试仪中的测试记录导出到计算机中，并形成测试报告，交付给用户，因此测试报告生成软件的主要功能包括：

图 8-87 快捷方式

① 测试数据的导入。

② 相关测试记录的查看，包括详细信息。

③ 测试报告的导出。

④ 测试报告分析。

以下就以 FLUKE、PSIBER 和 IDEAL 公司的 3 款测试报告为例进行相关使用介绍。

8.7.1 IDEAL 测试报告生成软件

IDEAL 公司推出的这款测试报告生成软件主要用于将 LANTEK 系列测试设备中的测试记录导出到计算机并生成最终测试报告，软件使用简单，但功能强大，能快速准确地导出测试记录，并生成测试报告。以下就逐项介绍相关的软件功能。

1．准备工作

在进行测试记录导出前，首先需要将测试仪与计算机通过 USB 线连接，如图 8-88 所示。

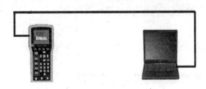

图 8-88 准备工作

2．测试数据的导入

初次启动软件时，软件为英文版，可通过 Options 菜单下的 Language 选项将其设置成中文版。测试数据的导入是最为关键的一步，可使用"文件"→"从测试器加载"命令从测试仪上装载数据，装载过程中需要选择装载测试类型和数据源。装载测试类型包括全部测试、仅装载已通过的测试、仅装载不合格的测试和选择测试项。数据源则包括通信端口、USB\PCMCIA 压缩内存、USB LANTEK 和浏览测试，如图 8-89 所示。

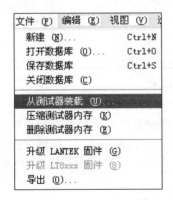
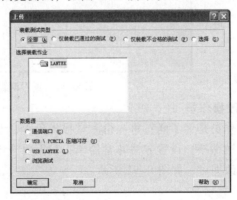

图 8-89 开始装载测试记录

选择完装载测试类型和数据源后，软件会给出相关的提示操作步骤，具体包括打开测试仪电源、将 USB 电缆从测试仪连接到计算机、按下功能键【F2】、【F3】使测试仪处于 USB 模式，单击确认后开始装载数据。装载完成后，会根据测试仪内的原始数据进行同等的文件夹分类。各个文件夹中均有多条测试记录，其中打钩的为测试通过的，打叉的则是未通过的，用户可逐条进行查看和分析。

3．测试数据查看

查看测试信息，可以非常详细地了解每条记录的最终结果，若是不合格的测试则可显示不合格的参数与相关的数据情况。具体操作方法是首先选择需要查看参数的记录，选择视图菜单的测试信息选项，或者直接双击记录，均能显示测试信息。对于有些参数，单击窗体下方的图表按钮可查看更加详细的图表信息，如图 8-90 所示。

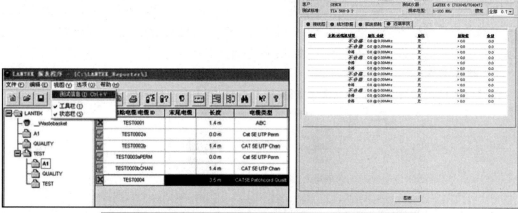

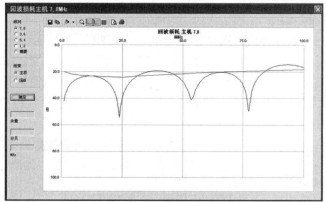

图 8-90　查看测试记录

4．修改操作员

修改操作员是为了能对每一份测试报告负责，使测试报告的结果能得到全面的评估，也是对操作员的考核。设置方法非常简单，只需要选中测试记录，右击，选择"设定操作员"命令进行修改即可，如图 8-91 所示。

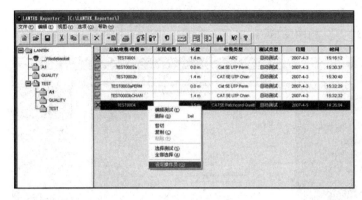

图 8-91 设置操作员

5. 测试数据导出

测试数据的导出方式包括将测试记录以文件方式导出，或者将测试记录以打印方式导出。以文件方式导出是指将测试记录以文件方式导出到计算机中，具体操作方法包括首先选中需要导出的测试记录，选择"文件"→"导出"命令，导出的文件类型包括文本文件、HTML文件等。导出的报表类型可以是单行报表、简短报表或详细报表，如图 8-92 所示。

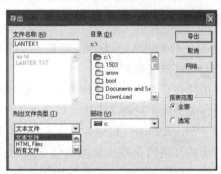

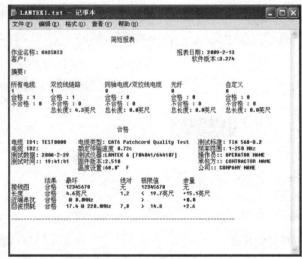

图 8-92 导出测试记录

　　将测试数据以打印方式导出，其方法与普通的文本打印类似，打印的测试报告类型同样包括单行报表、简短报表和详细报表，如图8-93所示。

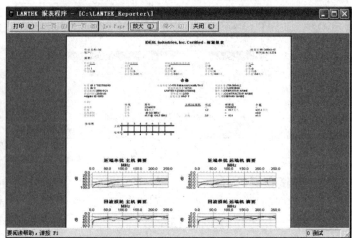

图8-93　打印测试报告

8.7.2　FLUKE测试报告生成软件

　　FLUKE公司提供的LinkWare软件，其最主要的功能是数据导入功能和报告生成功能，以下主要围绕这两大功能进行介绍。

　　首先使用连接线将计算机与测试仪进行连接，安装并运行LinkWare软件，首次运行时该软件的版本界面为英文版（见图8-94），可选择软件的Option菜单，在其中选择Languege选项，选择简体汉字Simplifidied Chinese，将界面切换到中文。

　　单击工具栏上的红色箭头按钮从测试仪导入测试记录，在导入记录时可选择导入所有记录或者按需要选择部分记录导入，操作界面如图8-95所示。

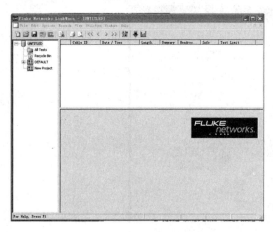

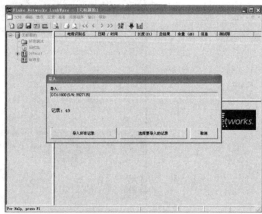

图8-94　软件初始界面　　　　　　　　图8-95　导入测试记录

　　测试记录导入后，可在屏幕上显示所有测试仪中的测试记录，并可逐条查看记录的详细结果和相关属性，双击文件名即可打开，操作界面如图8-96所示。

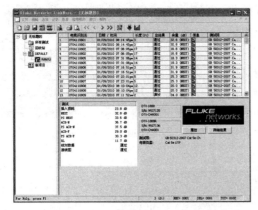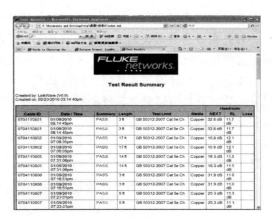

图 8-96　查看测试结果

FLUKE 测试报告生成软件导出报告的方式较多,具体包括 3 种方式:以文本文件方式导出、以 PDF 格式导出和打印输出测试报告。具体操作步骤如下:

① 以文本文件输出时可选择"文件"→"输出至文件"命令,在其中还可选择是输出自动测试报告还是输出自动测试摘要,如图 8-97 所示。

② 以 PDF 格式导出时只需要单击工具栏上的红色 PDF 按钮即可,如图 8-98 所示。

③ 以打印方式导出,其操作步骤只需要选择文件菜单选择打印即可。

图 8-97　以文件方式导出　　　　　　　图 8-98　以 PDF 格式导出

8.7.3　PSIBER 测试报告生成软件

PSIBER 公司推出的测试报告生成软件为 ReportXpert,软件可以通过向计算机导入测试数据从而实现对测试结果的管理,并且可以使用软件通过计算机更新 WireXpert 线缆认证测试仪的固件。软件界面如图 8-99 所示。

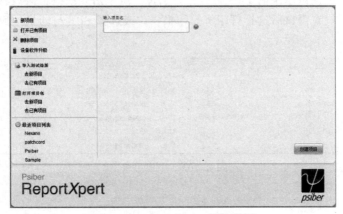

图 8-99　ReportXpert 软件界面

在计算机中安装 ReportXpert 测试报告生成软件后，首先需要将测试仪通过数据线连接到计算机上或者直接将测试结果保存到 U 盘，如图 8-100 所示。

将测试仪与计算机连接后，运行软件。将测试结果导入到计算机后可通过软件查看相关测试结果，内容包括线缆标识码、状态、长度、测试标准、测试时间等，如图 8-101 所示。可双击相关记录查看其详细信息，如图 8-102 所示。

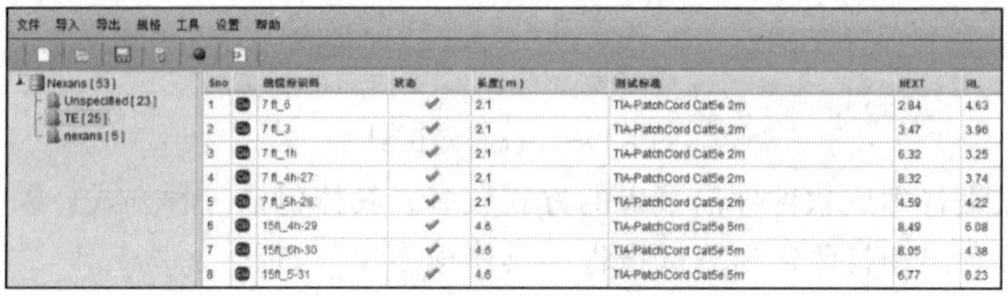

图 8-100　导入测试结果

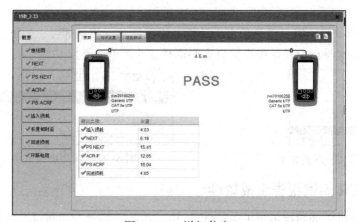

图 8-101　查看记录

图 8-102　详细信息

ReportXpert 支持将测试结果导出为 Excel 格式或者 PDF 格式的报告，如图 8-103 所示。如果要打印或者生成测试结果的 PDF 格式报告文件，可单击详细报告窗口右上角的打印机图标。在弹出打印机设置窗口后选择打印机打印报告，或选择 PDF 打印机生成专业的测试结果报告。

测试标准	NEXT	RL	测试时间	导出至	
TIA-PatchCord Cat5e 2m	2.84	4.63	8/28/2013 15:27:23		
TIA-PatchCord Cat5e 2m	3.47	3.96	8/28/2013 15:29:34		
TIA-PatchCord Cat5e 2m	6.32	3.25	8/28/2013 15:33:56		
TIA-PatchCord Cat5e 2m	8.32	3.74	8/28/2013 15:35:49		
TIA-PatchCord Cat5e 2m	4.59	4.22	8/28/2013 15:36:31		
TIA-PatchCord Cat5e 5m	8.49	6.08	8/28/2013 15:39:15		

图 8-103　生成报告

8.8　测试报告的分析

综合布线工程竣工验收时施工商必须提供相关的测试报告，而用户则需要通过分析这些测试报告来对工程质量进行整体评估，以下就分别以 IDEAL 公司和 FLUKE 公司的仪器测试报告来介绍用户需要从测试报告中获得哪些有用的信息，以及如何进行相关测试结果的分析，图 8-104 所示为 IDEAL 公司的认证测试报告。

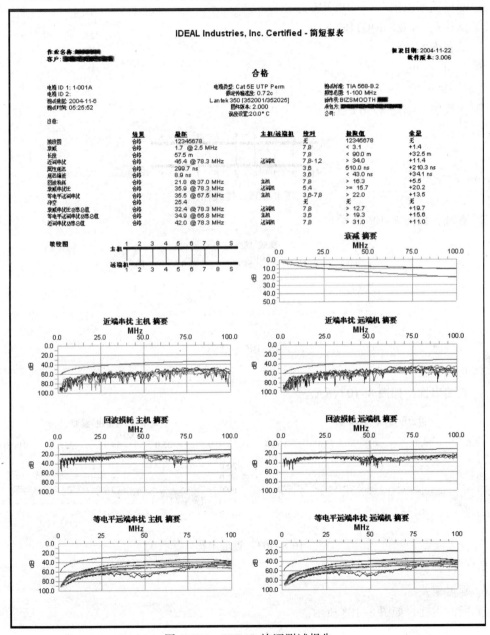

图 8-104　IDEAL 认证测试报告

从图 8-104 中可以获得的重要信息如下：

① 电缆 ID 号：1-001A。

② 测试数据日期：2004-11-6。

③ 测试时间：05：25：52。

④ 电缆类型：Cat 5E UTP （超 5 类非屏蔽双绞线电缆）。

⑤ 测试标准：TIA 568-B.2。

⑥ 测试频率范围：1～100 MHz。

⑦ 操作员：BIZSMOOTH。

⑧ 承包商：***。

⑨ 公司：***。

测试结果包括：

① 接线图，如图 8-105 所示。

图 8-105　接线图

② 衰减，如图 8-106 所示。

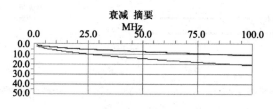

图 8-106　衰减

③ 长度。

④ 近端串扰，如图 8-107 所示。

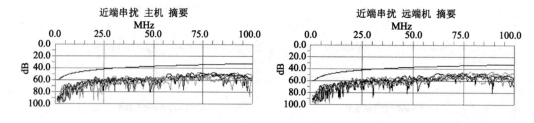

图 8-107　近端串扰

⑤ 属性延迟。

⑥ 延迟偏差。

⑦ 回波损耗，如图 8-108 所示。

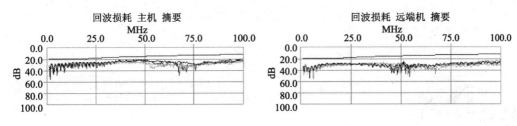

图 8-108　回波损耗

⑧ 衰减串扰比。

⑨ 等电平远端串扰。

⑩ 净空。

测试结果有"合格"和"不合格"两种，在此份认证测试报告中，被测电缆的电气特性都显示合格。报告中一般会显示主机端和远端机的两个基本参数，并且还会显示测试的极限值，余量和最坏测量值等信息。

习　　题

1. 数据跳线根据连接设备的不同，一般可分为_____和_____。

2. 交叉双绞线既两端进行制线时采用了_____接线标准，此类跳线主要用于_____之间的直接连接，但在认证测试时将被认为是_____故障。

3. 永久链路又称_____，其取代了_____，总长不能超过_____米。

4. LANTEK 测试仪在进行通道链路的认证测试前，首先必须选择正确的电缆类型，因此必须首先选择_____选项卡，在其中选择_____选项，再在其中选择_____电缆类型。

5. 现场进行光纤测试时的测试级别包括哪些？

6. 简述双链路测试的基本步骤。

7. 简述 OTDR 的工作原理和适用场合。

8. 简述光纤链路包括哪些组成部分。

9. 图 8-109 中的测试内容，为什么左边显示未通过而右侧显示通过？

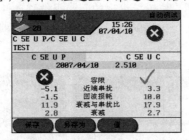

图 8-109　第 9 题测试图

第❾章

综合布线系统工程网络分析

本章主要介绍 FLUKE 公司的 OptiView XG 平板式手持网络分析仪，以及相关操作模块，并以案例方式介绍了网络分析仪在实际网络维护中的重要性。

9.1　OptiView XG 平板式手持网络分析仪

计算机技术和网络技术的发展，使人们越来越离不开网络，在工作中需要使用网络来收发邮件、联系客户，在生活中需要使用网络进行网上购物、网上冲浪。然而，随着网络规模的不断扩大，如何保证网络正常、稳定、高效地运转则成为网络管理者的一项重要任务。为了解决这一难题，需要利用网络分析仪来对网络的运行情况进行全面的分析，并以此为依据进行网络管理和维护操作。所谓网络分析仪是指通过测定网络的反射参数和传输参数，从而对网络中元器件特性的全部参数进行全面描述的测量仪器，用于实现对线性网络的频率特性进行测量。目前能提供网络分析仪的厂商有很多，最主要的提供商包括 FLUKE 公司和 PSIBER 公司等。以下就以 FLUKE 公司的 OptiView XG 网络分析仪为例进行具体的介绍和功能操作说明。

OptiView XG（简称 XG）是专为网络工程师设计的首款平板式手持分析仪。该设备可自动分析网络问题与应用问题的根源，使用户花更少的时间排除故障，将更多的时间用于其他工作。该分析仪可支持新技术的部署，其中包括：统一通信、虚拟化、无线技术与 10 Gbit/s 以太网。

OptiView XG 平板式网络分析仪（见图 9-1）外形独特，为连接、分析和解决网络中任何位置（工作台、数据中心或最终用户位置）出现的问题提供移动性。对于超出传统 LAN/WAN 交换与路由功能而综合了物理设备、无线网络、虚拟网络及专有网络的真正网络结构，该分析仪可分析其中的大部分设备。

图 9-1　OptiView XG 平板式网络分析仪

该测试仪的产品功能主要有以下几项：

① 该分析仪集成了最新的有线与无线技术，以独特外形提供强大的专用硬件，为连接、分析和解决网络中任何位置出现的网络和应用问题提供移动性。

② 利用个性化显示面板，按需要准确显示网络。

③ 提供高达 10 Gbit/s 的"在线"与"无线"吞吐量自动分析。

④ 解决难以处理的应用问题时，确保数据包捕获线速高达 10 Gbit/s。

⑤ 利用路径与基础设施分析功能，识别准确的应用路径，以便快速解决应用性能问题。

⑥ 通过采集粒度数据，而非通过监测系统采集的聚合数据，查看间歇性问题。

⑦ 在问题出现之前，通过分析所需信息，进行主动分析。

⑧ 执行以应用程序为中心的分析，提供网络应用的高级视图和轻松深入查看功能。

⑨ 测量 VMware® 环境的性能，包括管理程序可用性、接口利用率以及资源使用水平。

⑩ 自动检测网络问题，建议解决流程。

⑪ 实时发现引擎，可跟踪多达 30 000 个设备和接入点。

⑫ 利用获奖的 AirMagnet WiFi Analyzer、Spectrum XT、Survey and Planning 工具，能够分析 WLAN 环境。

⑬ 仪表定义报告与个性化报告技术数据表。

该分析仪的性能优点如表 9-1 所示。

表 9-1　OptiView XG 平板式网络分析仪性能优点

功　能	优　　点	价　　值
通道分析	快速掌握应用所经过的确切路径，从而快速解决由网络基础架构导致的应用性能问题	降低问题 "发现时间"，自动识别可能存在的瓶颈
详细地，快速网络发现	数秒内发现网络中的设备 (本广播域内或外)及它们是如何连接的	一线响应人员即可解决问题，无须问题升级
主动分析细化数据	拥有相关的细化数据，从而在问题发生前即分类并解决问题	更快解决关键业务间歇性问题，获得同时对多个问题进行分类的能力
自动问题检测，指导性故障处理	自动检测网络中的问题，XG 的问题日志不仅识别问题，还推荐解决问题的后续步骤	提高一般维护人员的工作效率，使得他们可以更快、更多地解决问题，无须依赖高级维护人员或高收费的咨询人员即解决问题
一体化有线和无线分析	XG 集成了最新的网络技术，包括多个分析端口、多无线网卡，以及更大的、亮度更高的触摸显示屏	通常有一些问题的唯一解决方法是在数据包流经的通道上，或从最终用户的角度查看。使用 XG，可以得到任何解决问题需要的信息
有线和无线集成	获得管理您的 802.11 a/b/g/n 无线及 10 MB / 100 MB / 1 GB/ 10 GB 铜缆、光纤以太网的可视性	提供查看会话双方(有线/ 无线) 的一体化能力，可移动性地解决任何问题，不需要拿来其他工具，不需要笔记，更少的工具=合并 = 节省时间/金钱
虚拟化	获得 VMware 环境下的可视性，分析管理程序的可用性、接口利用率、资源利用水平，进而快速评估性能	运行于日益发展的虚拟环境，为网络人员提供 VM 服务器的可视性

续表

功　　能	优　　点	价　　值
全线速 10 GB 捕包与流量发生	线速连接、监视及捕捉 10 GB 流量	确保在处理棘手的应用和网络问题时捕捉到全部数据包
多用户配置仪表盘	一览网络当前状态,查看路由器、交换机、防火墙、服务器、服务、应用及其他基础设施的关键参数	使得组织机构内不同层次共享数据,为用户定制他们所需要看到的信息。不同的组可以根据需要共享通用数据
IPv6 发现与分析	快速发现 IPv6 安全、配置及性能问题,在线查看隧道协议、路由通告	确保无由于设备配置错误导致的安全漏洞,加快部署 IPv6
以应用为中心的分析	快速总览网络中的应用健康状况,同时具有进一步获得详细信息的能力	简化包捕捉,最小化之前花费长时间解决错误和问题的时间,以应用为中心的分析使得用户无须捕包即可得到有关协议问题的答案
10 GBit/s 全线速吞吐量测试	验证关键链路全面支持 10 Gbit/s,服务提供商依合同提供承诺带宽	确保投资的关键网络性能如期提供,得到付费所应获得的服务;不为无用资源付出
流量分析 – 实时监视高达 10 GBit/s 的流量	实时查看流量、会话、最高流量会话,按协议轻松确定对于哪一个会话需要捕包/详细分析	查看何人在使用带宽;掌握关键链路上的流量分布,而无须进行捕包

　　OptiView XG 平板式网络分析仪预装 Windows 7 操作系统,配置 4 GB 内存,为用户提供了全新的测试体验,其主界面如图 9-2 所示。

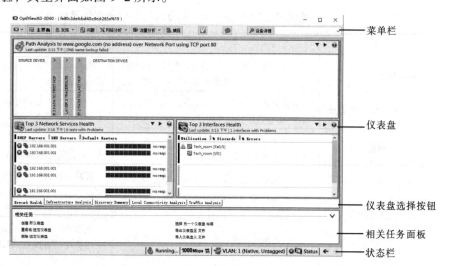

图 9-2　OptiView™ XG 平板式网络分析仪主界面

　　OptiView XG 平板式网络分析仪是 OptiView™分布式网络分析仪和 OptiView™集中式网络分析仪的更新换代产品,因此其除了拥有前者的所有基本功能,还具备很多全新的功能,以下就简单介绍几项。

1. 个性化仪表盘

　　OptiView XG 平板式网络分析仪可以根据用户的实际需求定制仪表盘,使用户可以根据个人的喜好排列仪表盘上的各个功能模块,方便用户更有效地管理和组织信息资源。具体功能包括定制新仪表盘、删除仪表盘、重命名仪表盘、导出仪表盘和导入仪表盘。此外,分析仪还可以提供多种默认仪表盘，包括基础架构概要仪表盘、基础架构健康仪表盘、本地连通性能仪表盘和流量分析仪表盘等。

① 基本架构概要仪表盘包括连通性概要、问题简介、网络和设备、网络服务健康，如图 9-3 所示。

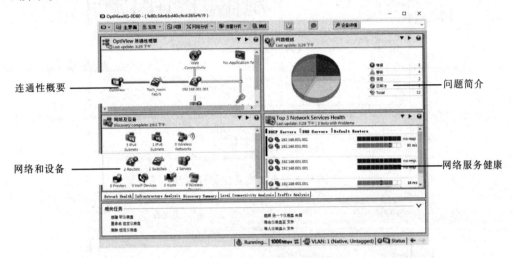

图 9-3　基本架构概要仪表盘

② 基础架构健康仪表盘包括网络与设备、网络服务健康、交换机健康和路由器健康，如图 9-4 所示。

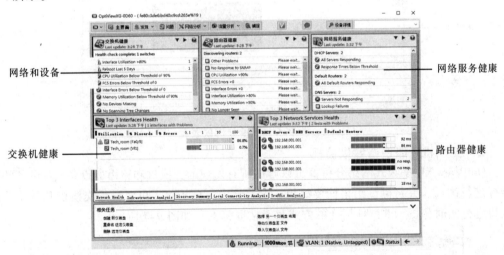

图 9-4　基础架构健康仪表盘

③ 本地连通性能仪表盘包括网络接口、最近的交换机监视、缺省路由器监视和 Internet 网页测试，如图 9-5 所示。

④ 流量分析仪表盘包括流量最高会话、流量最高主机、流量最高协议和本地利用率，如图 9-6 所示。

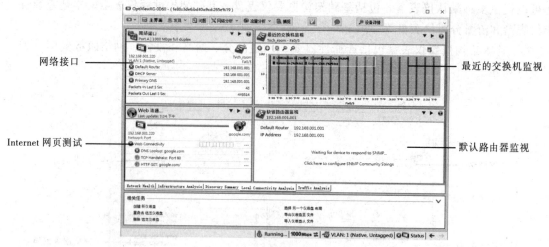

图 9-5　本地连通性能仪表盘

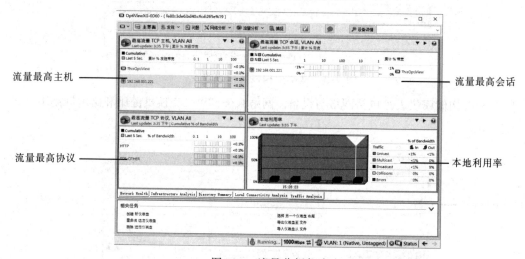

图 9-6　流量分析仪表盘

2．交换机、路由器健康监视

OptiView XG 平板式网络分析仪可以测试所有发现的交换机和路由器设备，对设备的重要指标进行测试，并将测试结果摘要显示在仪表盘中。分析仪还可对最近交换机和默认路由器接口进行实时分析，并以柱形图的方式显示在屏幕上，如图 9-7 所示。

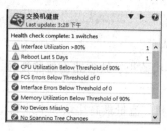

（a）交换机健康测试

（b）路由器健康测试

图 9-7　交换机路由器健康监视

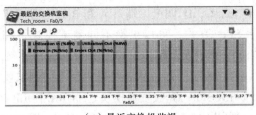

（c）最近交换机监视 （d）默认路由器监视

图 9-7　交换机路由器健康监视（续）

3. 应用架构设置

OptiView XG 平板式网络分析仪可进行应用架构设置，包括设备资源设置、接口监视设置、通道分析设置、NetFlow 监视设置，测试结果如图 9-8 所示。

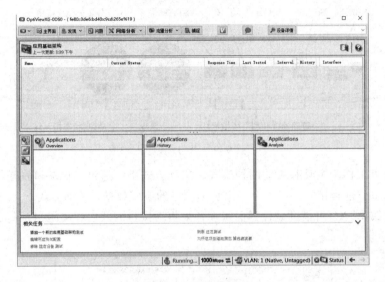

图 9-8　应用架构设置

9.2　OptiView XG 平板式手持网络分析仪功能模块介绍

OptiView XG 是福禄克网络公司 2011 年 7 月推出的业内首部平板式手持网络分析仪。该分析仪支持在网络中任意位置提供最快的无线和有线接入的网络和应用问题解决方案，同时，该工具可自动分析网络问题并提供引导式故障处理来解决问题。

借助高性能处理能力将分析数据可视化，把采集卡获得的数据和结果以图形或图像的方式加以展现，大大降低了网络分析的难度，提高了分析设备的易用性。

XG 的设计沿用了网络分析的通用架构，分成 4 层架构和模块：①数据采集；②数据管理；③数据分析；④数据表示。

9.2.1　数据采集

XG 数据采集模块集成了有线和无线两种数据获取方式，测试端口分为 4 个有线端口以及两块无线网卡和一块无线频谱卡。有线端口分为 A、B、C、D 四个，端口 A 和 B 为内置固定端口，10/100/1 000 Mbit/s 自适应，而端口 C 为 SFP 方式，可以更换不同测试模块，如 1000BASE-SX SFP 光收发器模块、1000BASE-LX SFP 光收发器模块、1000BASE-ZX SFP 光收发器模块、100BASE-FX SFP 光收发器模块等；端口 D 为 SFP+方式，可以更换不同测试模块，如 10GBASE-SR SFP+ 光收发器模块、10GBASE-LR SFP+ 光收发器模块、10GBASE-LRM SFP+ 光收发器模块。无线端口工作于 802.11a/b/g/n 模式，802.11a：6/9/12/24/36/48/54 Mbit/s；802.11b：1/2/5.5/11 Mbit/s；802.11g：6/9/12/24/36/48/54 Mbit/s；802.11n（20 MHz）：MCS0-23，最高 216 Mbit/s；802.11n（40 MHz）：MCS0-23，最高 450 Mbit/s。无线网卡 Wi-Fi #1（通用）用于分析仪的 Wi-Fi 端口，供发现功能使用；无线网卡 Wi-Fi #2 （仅限 AirMagnet 使用）用于 Fluke Networks AirMagnet Wi-Fi 分析仪和勘测软件。设备端口图如图 9-9 所示。

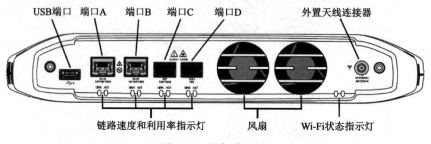

图 9-9　设备端口图

采集端口可工作于主动和被动两种模式，主动方式下，通过测试端口发送测试报文，借助本地接收端口或远程接收端口配合采集被测网络的响应数据；被动方式下，通过测试端口，被动监听网络数据。XG 可借助软件界面实现各采集端接口的开启和关闭，以降低设备的功耗，如图 9-10 所示。

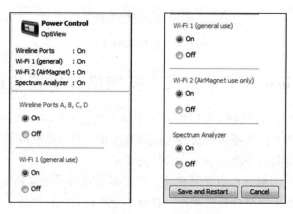

图 9-10　开启关闭端口

9.2.2　数据管理

XG 的数据管理模块负责将采集数据进行预处理和存储，预处理的方式有助于后续实时分析功能的实现，而存储则为后期深度分析提供原始数据。XG 中预处理的工作包括对数据进行分类、过滤、统计，存储的工作主要将数据存储到 Buffer 空间，当捕获结束时转换为捕包文件。

测试时可以通过网络端口 A、B、C 或 D，或者通过内置的无线适配器将 XG 与网络相连接。

XG 在测试中会依据实际配置进行数据采集，对应的数据管理方式也有所差异，比较复杂。对于设备接收到的数据，XG 视情况将其分类成主动测试数据回应或者被动接收数据。

1. 主动数据管理

（1）性能测试

在 XG 测试仪进行主动压力测试时，可以生成不同的流量负载，对网络进行压力测试。协议类型、包大小、每秒包数量，以及百分比利用率均可随流量类型进行配置，例如广播、多播或者具体设备。可对本地网络内的设备或本地网之外的指定设备发生流量。

当执行主动测试时，数据管理由接收端（自身或远端）负责对回应数据进行分类识别并统计，如吞吐量、丢包率、延时、抖动等。

（2）功能测试

同时 XG 测试仪也支持多种注入式的功能测试方式，如 SNMP 轮询方式、Ping、连通性测试等。

SNMP 是现有大规模投入商业应用的测试方式之一，它是基于轮询式的网络测试模型。借助发送 SNMP 4 种操作 Get、GetNext、Set 和 Trap，测试仪获得 SNMP agent（网络设备等）的一个或多个对象实例，以此完成相关数据的统计，完成数据管理任务。

XG 借助 SNMP 实现接口监测分析和诊断网络及应用性能故障，提供服务器、交换机和路由器接口利用率及错误严重程度等详细信息并后续转化为可视图形。

XG 还可借助注入高层的 TCP 测试数据进行连通性测试，以验证服务器和应用的连通性。这是通过打开服务器上的指定 TCP IPv4 和 IPv6 端口实现的。该项测试报告的往返时间为网络延迟和服务器连接建立时间的组合。大致过程如下：

① 在所选的端口上发送一个 TCP SYN 数据包。

② 向分析仪返回一个 SYN ACK 数据包。

③ 发送一个 RESET 数据包，结束会话。

2. 被动数据管理

XG 分析仪支持持续监测端口流量的能力。它实时分类全部数据包、计算统计并显示。这些信息进行管理后可以看到哪些主机和基于端口的应用在占用带宽等。

XG 可以支持最大 4 GB 的包存储空间，可通过分片技术捕获前 64 B、128 B、256 B、512 B，或者捕获完整数据包，并且还可借助高级捕获设置允许输入多达 8 个字符串进行数据包数据匹配，如图 9-11 所示。

捕获时工作于"混杂模式"，对线路进行侦听。分析仪的过滤和触发可减少不希望的

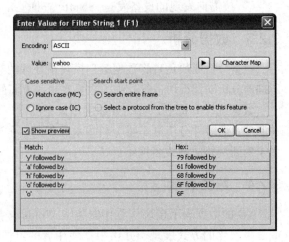

图 9-11　数据匹配设置

流量数量。对数据进行管理后可用于：

① 分析网络故障。

② 验证网络安全。

③ 确保用户遵循管理策略。

④ 检测网络入侵。

⑤ 跟踪网络上不允许的应用和内容。

⑥ 跟踪接收到的应用错误消息，例如丢失与 Outlook 服务器的连接。

⑦ 定位难以发起、跟踪和抑制的病毒。

⑧ 监测网络性能。

⑨ 调试客户端/服务器通信。

⑩ 检查用于不同应用的协议栈。

⑪ 逆向工程网络上使用的协议。

⑫ 捕获密码。

3．主动被动结合数据管理

对于 XG 的数据管理来说，还有一种混合管理方式，即主动和被动相结合的方式。如 XG 运行发现功能时，设备通过广播域的 ARP 扫描、交换机和路由器的 SNMP 查询，以及被动监测流量（较少）发现设备，XG 预处理特性可以支持多达 30 000 台设备的发现并报告汇总。

整个发现和数据管理过程如下：

① 被动监测链路上接收到的数据包。发现的设备被添加至发现结果。

② OptiView XG 发送一组广播包，激励设备进行响应。发送 6 个 IP 包、6 个 IPv6 包和 2 个 NETBIOS 包。

③ OptiView XG 确定链路广播域上的哪个子网被使用。对本地发现的子网进行 ARP 扫描。发现的设备被添加至发现结果中。

④ 可在扩展发现范围内配置的子网中执行 Ping 扫描 (ICMP 回应)。发现的设备被添加至发现结果。

⑤ 按需向发现的设备发送 SNMP 查询。

9.2.3　数据分析

数据分析模块负责将数据管理模块预处理的数据以及记录存储的数据进行后续分析。按照不同的分析功能模块进行处理，主要实现两方面的功能：一是数据统计分析、二是事件分析。

数据统计分析中，将统计如网络设备的端口信息、利用率信息、CPU 趋势、协议和协议关联等；而事件分析则是指分析模块根据内建的判断准则或者专家库，对数据进行匹配分析，用于判断网络故障或者网络性能。

9.2.4　数据表示

XG 的数据表示模块可看作安装了 Windows 操作系统的 PC，它将测试分析结果以图形化或者报表化的方式展现，并可根据使用者的习惯定制仪表板界面，生成各类告警、提示信息等。XG 显示界面方式包括显示屏和 LED 指示灯，如图 9-12 所示。

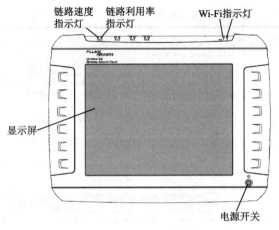

图 9-12　仪器显示屏和 LED 指示灯

XG 的主要分析界面包括：主界面、发现界面、问题界面、网络分析界面、流量分析界面以及捕获分析界面，如图 9-13 所示。

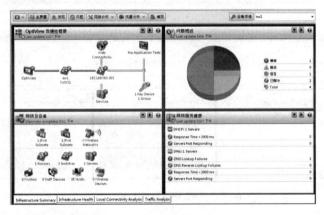

（a）主界面

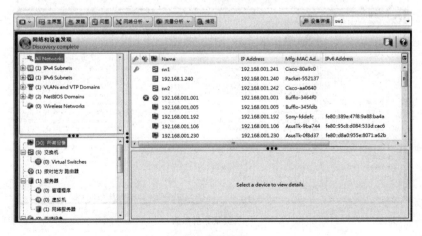

（b）发现界面

图 9-13　仪器分析界面

（c）问题界面

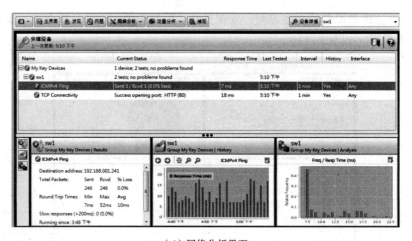

（d）网络分析界面

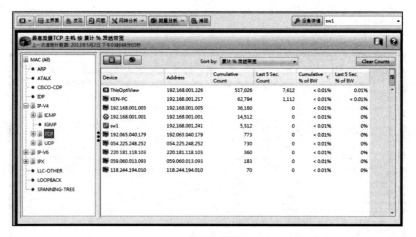

（e）流量分析界面

图 9-13　仪器分析界面（续 1）

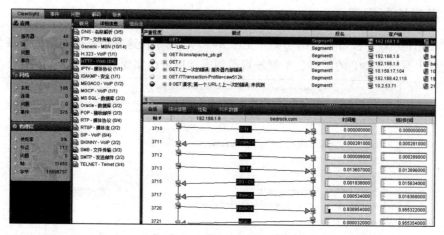

（f）捕获分析界面

图 9-13　仪器分析界面（续 2）

9.3　OptiView XG 平板式手持网络分析仪基本设置

9.3.1　设备网络端口的配置

设备网络端口的配置方法如下：

① 单击主界面中 OptiView 按钮（位于屏幕的左上角），在下拉菜单中选择"OptiView 设置"选项。

② 配置测试端口，并设置 IP 地址信息，如图 9-14 所示。

- 单击 OptiView 按钮。
- 选择"OptiView 设置"选项。
- 单击 Active port 下拉按钮，在下拉菜单中选择相应的测试端口。
- 选择 Active VLAN 选项，选择所需的 VLAN id。
- 选择是否启用完全被动接收测试方式。
- 选择 IP Address 配置，选择 IP 获取方式，如自动获得还是手动设置。

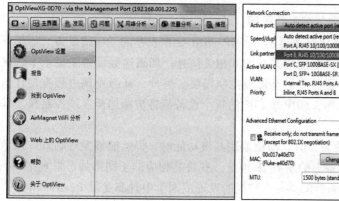
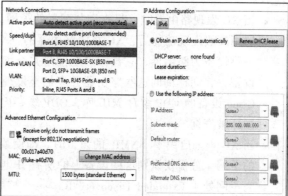

图 9-14　端口设置

9.3.2 发现控制配置

发现控制是 XG 中极富特点的功能（见图 9-15），用于快速获得整个网络的设备信息。在配置上通过 SNMP 的配置、扩展发现范围等选项进行实现，大致过程如下：

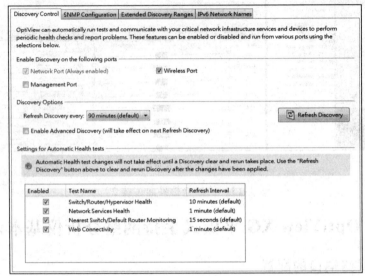

图 9-15　发现控制配置

1. 配置发现控制 Discovery Control

通过配置发现控制 Discovery Control，使 OptiView XG 能够完全发现和分析网络。

① 单击 OptiView 按钮。

② 选择"OptiView 设置"选项。

③ 选择 Discovery（发现）按钮。

④ 选择 Discovery Control（发现控制）选项卡。

⑤ 默认设置下，Network Port（网络端口）上的发现被启用。此外，通过选择相应的选择框，可启用 Wireless Port（无线端口）和/或 Management Port（管理端口）上的发现。

⑥ 默认配置下，高级发现被禁用。通过启用高级发现功能，可以发现整个企业内的基础设施设备。

- 当 XG 发现路由器时，将查询其配置的子网，并将子网信息其加入发现范围内。
- 启用高级发现功能后，XG 将向路由器的 SNMP 路由 MIB 表查询下一跳设备。如果下一跳设备为路由器，它被添加至网络并查询其相关信息。如果这些设备又显示下一跳设备，将同样询问这些路由器并添加至发现控制模块。另外，高级发现过程查询任意 Cisco 设备的 CDP 缓存 MIB 库，CDP 缓存内的每个设备都将被添加至发现控制模块并同样被查询。
- 当 XG 查询启用了 SNMP 的设备时，即使禁用高级功能时，仍然能够发现临近广播域的子网。分析仪识别这些设备上的所有 IP 地址，并将其相应的子网添加至发现结果。当子网处于 Extended Discovery Ranges（扩展的发现范围）中且非受限 Restricted 时，将主动扫描这些子网。

- 网外（广播域外）网络内不会自动执行设备发现功能。只有添加了子网范围后，XG 才会进行网外设备发现功能。一般可以有两种操作方式：一是右击（或点击并保持）网络，并选择 Add to Extended Discovery Range（添加至扩展发现范围）；二是直接在 Extended Discovery Ranges（扩展的发现范围）进行配置。这样 XG 将会发现该网络内的设备。

2．配置 SNMP 通信字符串和凭据

通过配置 SNMP 通信字符串和凭据，使 OptiView XG 能够完全发现和分析网络。

① 单击 OptiView 按钮。

② 选择"OptiView 设置"选项。

③ 单击 Discovery（发现）按钮。

④ 选择 SNMP Configuration（SNMP 配置）选项卡。

⑤ 添加 SNMP v1 和 v2 通信字符串，添加 SNMP v3 凭据。

3．配置扩展发现范围

通过配置扩展发现范围，发现广播域之外（网外）的网络。

① 单击 OptiView 按钮。

② 选择"OptiView 设置"选项。

③ 单击 Discovery（发现）按钮。

④ 选择 Extended Discovery Ranges（扩展发现范围）选项卡，并输入相应的地址。

9.3.3　远程控制配置

XG 既可在本机借助触摸屏进行操作，也可以通过软件远程操作。在配置了 IP 地址后，即可通过 Remote UI 远程控制软件进行遥控，最大控制客户端可达 32 个。首次使用远程控制时需要在 PC 上安装远程控制软件，在 Web 浏览器中输入 XG 的 IP 地址，在图形界面中选择 Install Remote UI 下载安装文件，如图 9-16 所示。

安装完毕，从程序组中打开 OptiView XG 远程控制软件。在 IP 输入框内输入 XG 的 IP 地址。软件界面中将显示 OptiView XG 的列表，包含了测试设备名称、连接方式、IP 地址以及软件版本等信息，双击列表中的某一测试仪即可打开远程控制界面，如图 9-17 所示。

图 9-16　下载安装软件

图 9-17　远程控制界面

9.3.4　测试项目仪表板配置

XG 测试仪进入主界面后将显示默认的仪表板，包括：健康检查面板、Optiview 连通性面板、基础设施面板、发现的问题面板、关键设备面板、应用面板、虚拟化面板和流量分析面板，如图 9–18 所示。

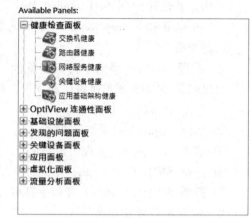

通常需要按照实际监控测试要求对仪表板进行定制。XG 提供了多种测试面板模板，包括：

① 健康检查面板：交换机健康、路由器健康、网络服务健康、关键设备健康、应用基础架构健康。

② Optiview 连通性面板：OptiView 连通性概要、网络端口、无线端口、最近的交换机监测、默认路由器监测和 Web 连通性。

图 9-18　测试项目仪表板定制

③ 基础设施面板：网络和设备与无线网络和设备。

④ 发现的问题面板：故障概览、故障设备、故障类型。

⑤ 关键设备面板：关键设备组概览、关键设备概览、结果、历史和分析。

⑥ 应用面板：应用基础架构概述、应用设备概述、结果、历史、分析。

⑦ 虚拟化面板：管理程序健康、有问题的管理程序、有问题的虚拟机、关键应用程序概述。

⑧ 流量分析面板：本地利用率、最高流量协议、最高流量主机、最高流量 VLAN、最高流量会话。

在监控视图的框架中定义好面板类型，并且对每个面板进行配置后，就可以执行该视图内的网络测试条目，如图 9-19 所示。

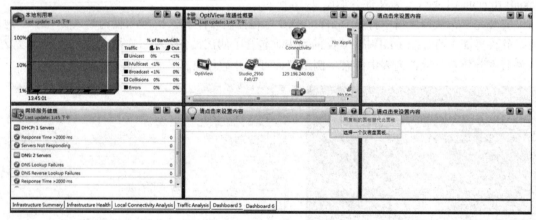

图 9-19　定义面板类型

每个面板需要另行配置，如 Switch Health（交换机健康）面板显示关于网络上发现的全部交换机的状态信息。如图 9-20 所示，交换机健康面板测试以下信息：

① 网络上有多少交换机？

② 网络上是否存在任何不能到达的交换机？

③ 多少交换机存在故障？

④ 多少及哪些交换机存在丢包、FCS 错误及接口错误？

⑤ 多少及哪些交换机超过了 CPU、内存或接口利用率门限？

⑥ 多少及哪些交换机在最近几天改变了生成树和重启？

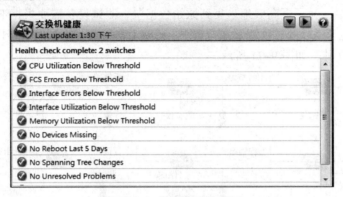

图 9-20　交换机健康面板

为确保 Switch Health（交换机健康）面板正常工作，建议对以下内容进行配置：

① SNMP 配置：查询交换机需要的 SNMP 通信字符串。

② 自动健康测试：交换机健康测试被配置为 OptiView XG 上电时自动运行。可利用发现设置自动健康测试配置屏幕进行修改。

③ 网外发现：如果需要查询 OptiView 所连广播域之外的交换机，可增加扩展发现范围。

④ 全局设置：故障门限和严重程度可在故障设置屏幕进行调整。这些设置为应用于 OptiView XG 全局。

⑤ 配置发现：当 OptiView XG 通过一个非发送端口(例如镜像端口、非汇聚新分路器等)连接至网络，或者当被测网络被设置为仅接收时，可启用无线端口和/或管理端口上的发现功能，因为它可提供：

● 更快的名称解析

● 完全发现，启用主动测试（例如，测试关键设备的可用性和性能，以及识别作为会话一部分的被分析设备的相关问题）。

● 当网络端口 A、B、C 或 D 上无连接时，强制启用无线端口或管理端口上的发现功能。

⑥ 测试间隔：修改进行交换机健康测试的时间间隔，或者在发现设置自动健康测试配置屏幕中将其彻底禁用。

⑦ 面板更新：默认配置下，面板上的信息每 10 min 进行更新。可利用自动健康测试设置进行修改。可在发现设置屏幕的发现控制选项上修改设置。

9.4　OptiView XG 平板式手持网络分析仪网络部署

按照数据的获取方式，XG 在测试时又分主动测试方式和被动测试方式。为避免对网络产生影响，一般采用被动测试的方式获得原始数据流；而用主动方式测试时，也通常采用定期收集数据 NETFLOW 或者轮询的方式（如 SNMP）进行，对于大流量模拟或压力测试还是报以非常谨慎的态度来执行。

9.4.1 OptiView XG 平板式手持网络分析仪接入部署介绍

1. 被动测试

在实际网络中，为了更高效地采集到原始数据包，测试设备需要根据不同的网络架构进行部署，而通常由于 XG 测试仪测试端口有限，同时工作一般为一到两个端口，因此接入方式一般可参照如下几种，如图 9-21 所示。

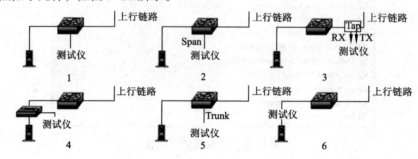

图 9-21 仪器接入模式

XG 分析平台支持多种方式下的网络分析，如表 9-2 所示。

表 9-2　接入网络分析

接入模式 特点	直接接入	SPAN 镜像方式	在线 TAP	Hub	多 VLAN 环境	串行接入
	1	2	3	4	5	6
优点	方便，快速	不必中断链路数据，比较真实	完全的真实流量的协议分析	测试方便	同时监控多个 VLAN	真实流量，协议分析
缺点	只能检测到少量的流量信息，如广播、组播	需要配置交换机数据失真消耗交换机资源	需要连接器或嵌入链路当中	由于强制把链路转换成为半双工模式，只适用于低流量网络	需要配置交换机数据失真消耗交换机资源，或占用交换机端口	容易形成单点故障，性能问题容易导致网络质量下降
负荷能力	轻负荷能力	负荷能力中等	全负荷能力	轻负荷能力	负荷能力中等	
突出功能	快速了解本地网络中的设备和基于广播方式的异常流量	查看网络层数据以及应用层的数据，包括捕包解码、定位错误	真实反映网络数据	成本较低，易于实现	快速查看 VLAN 内的流量分布情况，判断异常 VLAN	接入方便，无须配置

从上述 6 种接入方式来看，均有优缺点，目前用于分析的主要是前 3 种，但其他的接入方式也是有其独特的适用场合，可以作为条件受限时的补充接入方式。

方式 1 接入采用的是直接接入交换机端口进行数据帧的获取，区别于方式 4 的 Hub 的直接接入。在 Hub 环境中，整个 Hub 上的端口属于同一个共享环境，每个端口上的流量都可以被其他端口看到，故协议分析时可以监测到所有 Hub 端口上的流量。而在 Switch 交换机上，如果不做镜像配置，交换机只负责在该端口上转发广播、组播以及和测试仪相关的单播流量，故协议分析仪做分析时监测不到其他站点间的对话，信息非常有限。但可以用做广播、组播流量的分析。

方式 2 接入采用的是 SPAN（Switched Port Analyzer）的方式，俗称镜像，是网络中应用非常普遍的分析方式，其作用就是将特定的数据流（可以是某个端口，或者某组端口，亦或者某个 VLAN）复制给一个监控端口，一般交换机考虑到性能问题，可以启用的镜像线程有限，比较典型的是 2 个线程。镜像时可以只分析进入流量或外发流量，也可以选择 both 选项进行双向监控，但是需要注意目标端口速率最好是大于或等于源端口的带宽，否则可能会出现丢包的情况。例如，目标端口传输速率是 1 000 Mbit/s，那么在监控 5 个 100 Mbit/s 传输速率的端口时不会有问题，因为即使是全线速全双工状态下，每个被监控端口上下行流量最大为 200 Mbit/s，5 个端口累计 1 000 Mbit/s，刚好等于 1000Mbit/s 的目标端口的传输速率；而在监控源端口为 1 000 Mbit/s 的端口时，就有可能因为双向流量相加大于 1 000 Mbit/s 而造成丢包。

在镜像配置时，配置对象可以是多种类型，例如：

① 一个或多个 Access Switchports（Local SPAN）。

② 一个或多个 Routed Interface。

③ EtherChannel。

④ trunk port。

⑤ 整个 VLAN（VSPAN）。

在 SAPN 时，镜像数据可以是 inbound 方向或者 outbound 方向，也可以是 both 方向。借助以下操作，可以创建 SPAN 源，例如：

```
Switch(config)# monitor session 1 source interface fa0/10 rx
Switch(config)# monitor session 1 source interface fa0/11 tx
Switch(config)# monitor session 1 source vlan 100 both
```

第一条命令创建了一个 monitor session，分配了线程号码 1。当指定一个目标端口时，必须使用同一个 session 号，命令的后半部定义了端口 fa0/10，并且是镜像所有接收（rx）的流量。

第二条命令添加了第二个端口到镜像的 session 1，镜像的方向为发送流量（tx）。

第三条命令添加了一个 VLAN 到镜像的 session 1，镜像的是端口所有流量（both）。

如果想监测 trunk 链路的流量，需要指定需要监测的 VLAN。

```
Switch(config)# monitor session 1 filter vlan 1-5
```

在设置好了数据源后，接下来需要定义目标端口：

```
Switch(config)# monitor session 1 destination interface fa0/15
```

这样配置了源和目标后，镜像过程就完成了，在镜像目标端口上，可以接上协议分析仪进行数据分析。

在通过 SPAN 命令进行流量监控时，需要注意镜像命令仅在本交换机上有效，其实质是交换机通过 CPU 处理，将部分端口的流量复制到指定端口。而在网络分析上有异地分析时，即跨交换机分析时，则需要使用 RSPAN 技术，进行远程镜像，但在这里强烈指出非必要情况下，尽量不要使用 RSPAN，由于镜像流量大小不确定，在 RSPAN 操作时，很可能带来网络的拥塞。另外，RSPAN 不支持二层协议，如 BPDU 包或其他二层交换机协议。并且，在分析时需要先在 VTP 服务器上配置 RSPAN VLAN，这样，VTP 服务器就可以自动将正确的信息传播给其他中间交换机。否则，要确保每台中间交换机都配置有 RSPAN VLAN。

RSPAN 的具体配置如下，借助以下操作，可以创建 RSPAN VLAN。

```
Switch (config) # vlan 901
Switch (config) # remote span
Switch (config) # end
```

借助以下操作，可以创建一个完整的 RSPAN 实例，从 Switch1 的 fa0/10 镜像到 Switch3 的 fa0/12。如图 9-22 所示。

图 9-22　实例连接图

在 Switch 1 上进行如下配置：

```
Switch(config)# vlan 123
Switch(config-vlan)# remote-span
Switch(config)# monitor session 1 source interface fa0/10
Switch(config)# monitor session 1 destination vlan 123
```

在 Switch 2 上进行如下配置：

```
Switch(config)# vlan 123
Switch(config-vlan)# remote-span
```

在 Switch 3 上进行如下配置：

```
Switch(config)# vlan 123
Switch(config-vlan)# remote-span
Switch(config)# monitor session 1 source vlan 123
Switch(config)# monitor session 1 destination interface fa0/12
```

在通过 SPAN 或者 RSPAN 分析时，需要注意如果怀疑并定位帧错误类型的故障时，SPAN 有其局限性。由于 SPAN 是借助网络设备的上层 CPU 资源来完成流量复制，因而对于物理层的错误信息无法全面知晓，因此对于这种情形下的分析，更倾向于 TAP 三通接入。由于其接入位置通常串接于链路中，可以真实地获取网络物理层传输中的信息，并提供给分析仪，使得故障现象得以真实还原。

方式 3 接入采用的是 TAP(Test Access Point)接入方式，TAP 可以说是一个网络测试和故障诊断中的基础设施，它突破了前两种被动测试方式中的限制。

在 SPAN 方式中，有几个问题是分析中的难点：

（1）不能一对多分析

交换机设置镜像时，由于镜像会话数有所限制，往往不能实现一对多的监控。而实际网络运行中,这又是一个普遍的测试需求。图 9-23 所示为 DataCom 公司 SINGLEstream 系列 TAP 的接入示意图,它实现了路由和防火墙、防火墙和交换机之间两段流量的获取,并且通过过滤配置,还可以将数据分配给不同的网络测试和分析设备 (如 IDS 入侵检测设备)、取证采集设备、协议分析仪以及应用监控平台等,这给网络测试分析带来了极大的便利。

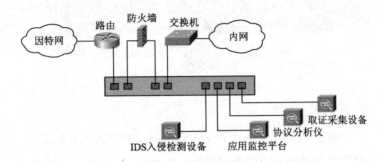

图 9-23　DataCom 公司的 SINGLEstream TAP 接入示意图

（2）不能多个一对一分析

由于交换机本身是作为网络运行设备,无法牺牲大量端口数量来实现网络测试的基本需求,导致在需要多个一对一流量分析时,端口数量不够用。图 9-24 所示为 VSS 公司 V 16.8 L.C-J-AS TAP 的接入示意图,它实现了 8 条网络路径同时接入分析的功能,且位于右侧的 8 个监控口可以根据软件任意配置,非常方便得实现了多个一对一的功能。

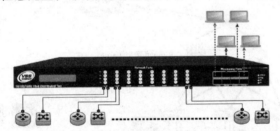

图 9-24　VSS 公司的 V 16.8 L.C-J-AS TAP 部署示意图

（3）SPAN PORT 不能被再次 SPAN

在 SPAN 技术中,多段数据合并也是个难题,需要将不同交换机镜像口的数据再进行一次汇总合并,这在现有多数交换机和网络设备中是无法实现的。图 9-25 所示为 DataCom 公司 VERSAstream TAP 的接入示意图,它实现了 6 条 SPAN 流量再次汇总的功能,分配给不同的测试分析设备,且 TAP 允许进行过滤和配置,测试分析时更具灵活性。

（4）SPAN 不能保留物理层错误

由于 SPAN 需要借助网络设备的上层 CPU 资源来完成,因而对于物理层的错误信息无法知晓。但是,TAP 由于其接入位置通常串接于链路中,可以真实地获取网络物理层传输中的信息,并提供给分析仪,使得故障现象得以真实还原。

TAP 的出现,极大拓展了网络测试和分析的范围,同时降低了部署的难度。它从根本上改变了被动测试网络时监测分析工具的接入方式,使得整个监测在大规模网络中部署难度大大降低,且系统性更完整,为大型网络测试和分析平台的应用奠定了基础。

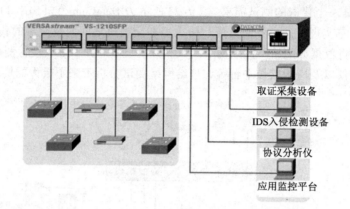

图 9-25　DataCom 公司 VERSAstream TAP 的接入示意图

但也要客观看待 TAP 的分析方式所固有的一些缺陷，如 TAP 对于整网部署时，需要考虑状态监测，避免引起单点故障。同时，TAP 不能获取网络设备内部的信息，这在虚拟技术成为潮流的今天也是面临的一大挑战。另外，TAP 的部署伴随着大量的资金投入，在选择方案时有必要做出充分考虑。

OptiView XG 在被动测试的应用如图 9-26 所示。

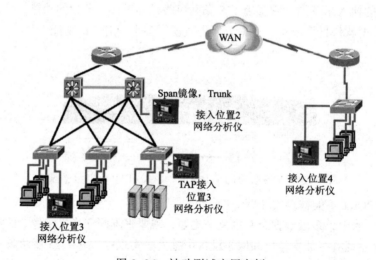

图 9-26　被动测试应用实例

2．主动测试

在测试时，测试流量或测试请求是由测试设备发起的情况，被测网络根据接收到的测试流量或测试请求做出响应，给予返回数据，返回数据可以是网络设备的统计数据（如 SNMP 的查询结果），也可以是回应报文数据。

XG 允许按需发送或注入测试流量或请求，人为定义测试流量的内容，灵活性非常高，同时由于不监控用户数据信息，对于安全性要求较高的测试场合比较适合。但也存在局限性，如在网络繁忙时，容易增加额外的流量，加重网络负担，造成网络拥塞以及延时增大。并且，在大型网络尤其是拥有众多广域分支的网络中，模拟的主动测试将带来巨大流量，额外的流量很可能会对被测网络形成干扰，导致测试结果偏差，在使用上需要特别注意。

而在主动测试中，XG 又将测试分为两种：性能测试和功能测试。

性能测试有时也称压力测试，XG 可以支持最新的 Y.1564 性能压力测试，在进行压力测试时，需要远端进行配合，将发送的数据复制回传或者双向传送相同的测试数据。一般远端需配置福禄克 LRAT-2000 或者另一台型号相同的 OPTIVIEW XG。连接方式如图 9-27 所示，压力测试配置界面如图 9-28 所示。

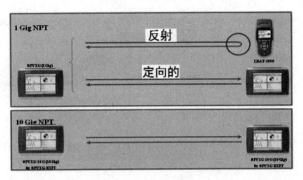

图 9-27　连接方式

而功能测试时，OptiView XG 也提供了多种快捷、简单的方式来进行主动测试，如检查设备连通性和 TCP 应用端口状态。分析仪主动测试网络和所选设备并测量响应时间和 Ping 测试的丢包，可通过 TCP 端口扫描探测潜在安全风险，TCP 端口的连通性可用于表示应用响应时间。

每项测试均可自定义配置，并且可一次对同一个设备进行多项测试。如果需要，可创建同一类型的多项测试，采用不同的参数（例如，两项 Ping 测试，一项采用小净荷，另一项采用大净荷）。添加测试后，可方便地编辑测试配置，以及重新运行测试。只要分析仪用户界面应用程序保持打开，就一直保留测试配置和结果，或者可以选择保存测试并在其他设备上重复使用。

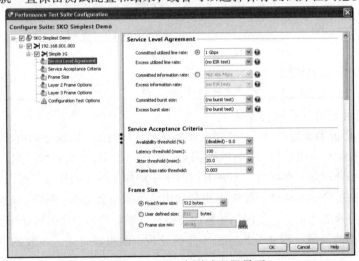

图 9-28　XG 压力测试配置界面

可采用以下一项或多项测试，定期测试设备：ICMPv4 Ping、ICMPv6 Ping、TCP 连通性、TCP/IPv6 连通性、TCP 端口扫描、TCP/IPv6 端口扫描。

在作压力测试时，XG 可以支持不同环境要求下的测试项目，以实现测试数据的定制，如多区域位置间的测试、定义不同的服务等级、视频流量的评估以及应用的模拟等。

在执行 Y.1564 测试时，可以定义测试项目，将复杂得多节点测试变成配置简单的端到端分支，再将端到端分支细化成不同的业务流，整个测试配置仅需要简单操作即可完成，极大地简化了一线测试的配置工作，同时避免配置上的错误。

OptiView XG 在主动测试的应用如图 9-29 所示。

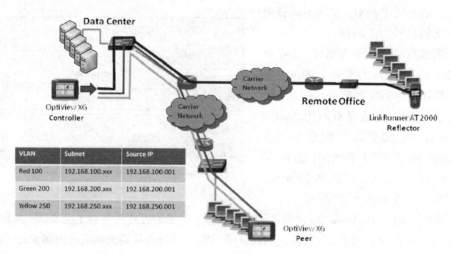

图 9-29 主动测试实例

9.4.2 OptiView XG 平板式手持网络分析仪关键应用业务

XG 的关键应用业务主要是服务器群的应用故障分析，相关问题如表 9-3 所示。

表 9-3 关键应用业务

网络中存在问题	服务器群的应用故障分析
场景描述	应用服务为多级架构，用户端向网站 Web 服务器进行通信，而服务器和 SQL 数据库服务器进行通信
故障现象	用户端向网站服务器提交请求后，响应慢，延时大

1．Web 应用故障分析的部署方式

进行 Web 分析前需要进行分析，了解被测系统的大致情况，以确定如何部署测试工具，以及以何种方式进行结果分析。例如，HTTP 不同版本中，访问特点会有所区别，在 HTTP1.0 中，客户端每次请求都会建立一次连接，而在 HTTP1.1 中增加了持久的连接，可以响应多个请求，以减少带宽消耗和提升访问速度。而 Web 中传输内容可能包括文本、图像、文件、音频、视频、多媒体等，在应用效能优化上，不同的传输内容将直接影响到客户终端的使用感觉。

而针对延时类的问题，需要分析业务工作的流程中的每段时延，一般的 Web 访问可分为4 部分：

① DNS 查找解析：客户端首先会查找 DNS 服务器，通过 DNS 获取访问网站的 IP 地址信息，DNS 将信息返回给客户端。

② TCP 连接建立：客户端和 Web 服务器建立连接。

③ 服务器响应：服务器在接收到客户端请求后，通常会运行处理后再传送数据。

④ 数据传送：服务器将数据传送给客户端。

对于客户端来说，上述 4 个步骤任何一个部分存在问题，都会导致用户感觉应用缓慢。

同时，在进行 Web 应用分析时，需要注意服务群的访问流程，又称分层应用。如果采用

了多级架构的模式，Web 应用仅为前端应用，后端还有其他服务器（如认证服务器或数据库服务器等），那么需要在分析时，同时捕获到其他服务器的流量，进行合并后协同分析。

另外，还需要注意 Web 应用中路径中的相关设备配置，如采用了 Cache 缓存技术、镜像服务器技术、CDN 内容分发网络等。在这类环境中测试时，需要在多个网络路径上部署探针捕获数据。

综上所述，在应用故障分析环境中，部署时需要注意应用协议分析软件的解码能力（即深度分析应用的能力，如可以分析定位到传输类型：文本、图片、文件等），应用工作所经过的各个网络节点，以及记录每个数据包的时间轨迹。

根据不同的环境和测试条件，在测试时需要进行有选择性的部署，如上述 4 种部署方式，对应着 4 种不同的情形，如图 9-30 所示。部署位置说明如表 9-4 所示。

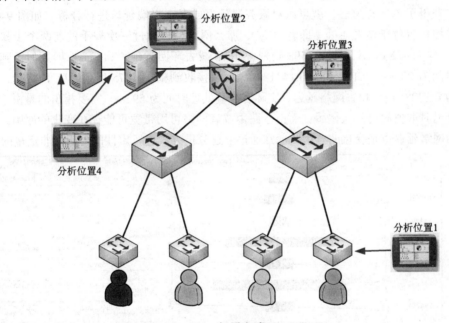

图 9-30　部署方式

表 9-4　部署位置说明

位　　置	说　　明
位置 1	分析重点在于排除客户端是否存在问题，如 DNS 响应请求慢、客户端时延是否合理等
位置 2	分析重点在于排除服务器端是否存在问题，是服务器段还是网络段问题
位置 3	分析重点在于途径设备后数据包是否存在内容变化或者时延变化
位置 4	分层应用，分析重点在于多级架构服务器中，数据流访问是否有异常

2. Web 应用故障的分析方式

确认了接入部署方式后，就可以进行测试分析。

如果遇到局域网中 Web 应用故障时，首先需要排除网络本地的问题，即访问局域网内其他类似 Web 服务器，查看是否正常，排除 PC 客户端本身的问题。

一般协议分析的过程可分为几个阶段，XG 接入被测系统后，就开始实时监控，而在需要时进行捕包过程。在捕包完成之后，启用数据后期显示分析功能。

标准的 Web 访问，一般经过 DNS 查找解析、TCP 连接建立、服务器响应、数据传送 4 个步骤。如果想分析 Web 应用类故障，则需要对网页的加载过程进行逐步详细分析。

在 DNS 查询并返回结果后，客户端和服务器会进行 TCP 三次握手建立连接。

在连接建立后，客户端会向服务器请求数据，一般情况下，HTTP 服务器会向客户端回应其相应的 HTTP 报头和数据，当数据传输完后，客户端发送 FIN 数据包关闭连接。

如果处于位置 1 处，那么 XG 借助三次握手中的前两个数据包的间隔时间可近似认为网络上的往返延迟，将延迟除以 2 即可得到单向延迟。

如果处于位置 2 处，那么 XG 借助三次握手中的后两个数据包的间隔时间可近似认为网络上的往返延迟，将延迟除以 2 即可得到单向延迟。

在获得了单向延迟后，就可以对服务器延迟或者客户端延迟进行分析。如图 9-31 所示，假设监控位置位于位置 1 处（即客户端），那么网络延迟通过三次握手的前两个步骤近似获得 74 ms（147 ms/2）。那么帧 194598 到帧 194675 减去环回时延（147 ms）即近似得到服务器的处理时间为 23 ms（0.170558～0.147184）。而以接收到帧 194675 后到回应 194720，两者间隔耗时为 0.132855 s，扣去网络延迟，实际客户端处理时间为 59 ms。需要指出的是由于这里统计网络延迟时取值源自三次握手，而由于路由或者网络可用带宽可能存在变化的原因，每个会话实际的网络延迟也是变化的，因此通常通过上述分析方式进行定性的分析而非定量的分析。

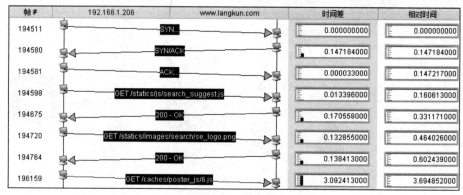

图 9-31　帧分析

在位置 2 处的处理方式依此类推，这里不再赘述。

通过位置 1 和位置 2 的部署方式，可以分析 Web 应用访问缓慢的原因。例如：

① 客户端与服务器距离太远。这将导致三次握手的时间过长，经过两者之间的路由器增多，数据包传送时的路径增加导致速度慢。

② 服务器响应时间过长。某些操作（如请求中存在过多页面脚本或图片等）便会造成响应的时间增加，导致访问速度变慢。

注意：在访问一个网站时，往往会同时打开 Web 服务器上的多个 TCP 连接，如每一张图片都单独使用一个 TCP 连接进行传输。

常态和故障时服务器的占用时间变化情况，通过两组数据的比对，可以判断故障是由于服务器延时的增加而导致的，如图 9-32 所示。

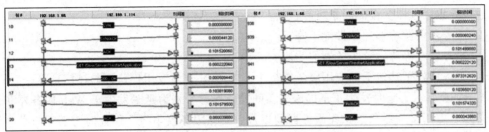

图 9-32 常态和故障时服务器耗时的比对

如果处于位置 3 处，就相当于在网络数据传输的路径上，预设了多个监控点，观察经过数据包的变化情况。如图 9-33 所示，同一个数据帧经过了不同的网络传输设备，在合并后的视图中，通过比对，可以获知数据包是否被改变，并且时延情况如何等信息。

如果处于位置 4 处，面对分层应用网络环境，就相当于在网络服务群中数据传输的路径上，预设了多个监控点，观察经过不同服务器的数据包的变化情况。在分析上可以分层查看（见图 9-34），将用户的访问分成三层，每层实现不同的功能，并且可以记录时间信息，这样多级架构的应用访问就变得可视了，我们可以清楚了解到每层中所消耗的时间。

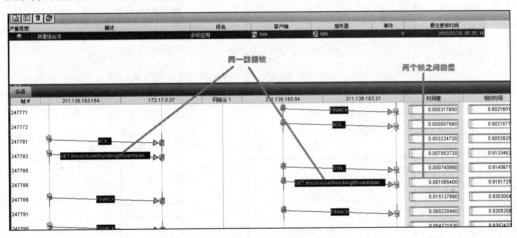

图 9-33 数据包分析

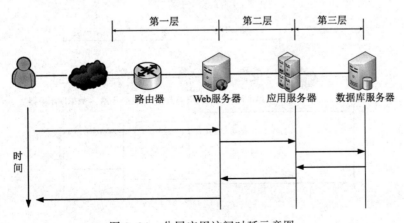

图 9-34 分层应用访问时延示意图

通常导致服务器变慢的因素可能包括：

① 服务器资源不够导致性能下降。

② 服务器在等待后续服务器的响应。

③ 服务器处于其他基础应用服务等待中，如 DNS 查询或用户认证通过信息等。

图 9-35 所示为延时发生于不同服务器间的情形，分别为延时发生于 Web 服务器和应用服务器间、应用服务器和数据库服务器间以及数据库服务器本身。但此时对于客户端来说没有区别，但是感觉访问服务有问题。

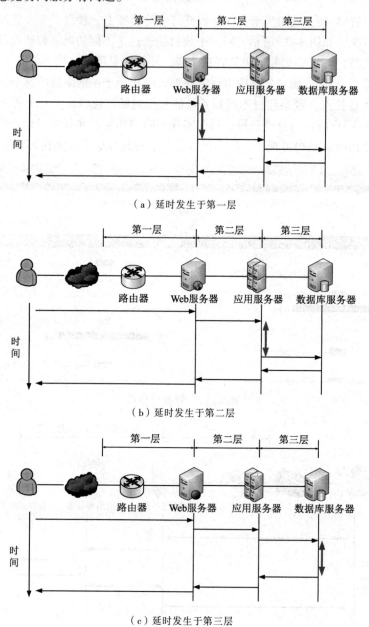

（a）延时发生于第一层

（b）延时发生于第二层

（c）延时发生于第三层

图 9-35　访问延时

区别于位置 3 时的情况，由于服务器采用多级架构时，数据包的对应关系就不存在了，例如，说客户端请求 Web 服务器 A，而 Web 服务器继而访问数据库服务器 B，那么客户端同服务器 A 的数据以及服务器 A 和服务器 B 之间的数据通常只有时间上的关联，内容上关联性较小，有时很难区分。

在故障解决时，如果区分了引起时延的位置，就可以分析具体的访问流程信令。例如，是否因为某条数据库查询语言导致，这里存在多种可能性：

① 数据库检索为全局而非某一字段时。

② 被查询内容没有建立索引。

③ 数据库系统优化不够，如遇到重复提交等。

在获得具体指令后，数据库管理开发人员就可以采取相应的补救措施。图 9-36 所示为通过协议分析获得数据库操作指令界面。

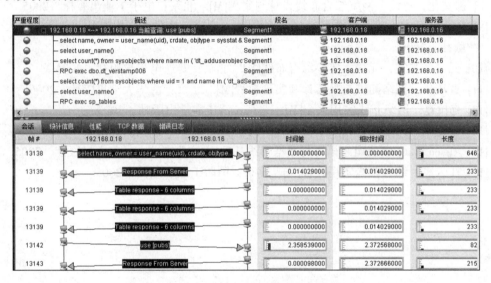

图 9-36　通过协议分析获得数据库操作指令

习　　题

1. 简述 OptiView XG 网络分析仪的基本功能特点。

2. 简述 OptiView XG 网络分析仪包括哪些基本架构和模块。

3. 简述 OptiView XG 网络分析仪可以定制个性仪表板，具体包括哪些内容。

4. 简述 OptiView XG 网络分析仪在网络中进行部署时主要采取哪些基本部署模式。

5. 简述 OptiView XG 网络分析仪关键应用业务主要是指什么。

参 考 文 献

[1] 刘彦舫，褚建立. 网络综合布线实用技术[M]. 北京：清华大学出版社，2010.

[2] 王公儒. 综合布线工程实用技术[M]. 北京：中国铁道出版社，2011.

[3] 余明辉. 综合布线系统的设计施工测试验收与维护[M]. 北京：人民邮电出版社，2010.

[4] 刘天华，孙阳. 网络系统集成与综合布线[M]. 北京：人民邮电出版社，2008.

[5] 梁裕. 网络综合布线设计与施工技术[M]. 北京：电子工业出版社，2011.

[6] 王勇. 网络综合布线与组网工程[M]. 北京：科学出版社，2011.

[7] 魏楚元. 综合布线设计与施工[M]. 北京：机械工业出版社，2013.

[8] 郝文化，董茜. 网络综合布线设计与案例[M]. 北京：电子工业出版社，2005.

[9] 余明辉，童小兵. 综合布线技术教程[M]. 北京：清华大学出版社，北京交通大学出版社，2006.

[10] 元烹，张宜，元晨，等. 综合布线[M]. 北京：赛迪电子出版社，2004.

[11] 曹庆华. 网络测试与故障诊断实验教程[M]. 北京：清华大学出版社，2006.

[12] 克拉克. 网络布线实用大全[M]. 北京：清华大学出版社，2003.

[13] 黎连业. 网络综合布线系统与施工技术[M]. 北京：机械工业出版社，2002.

[14] Cisco Systems 公司. 语音与数据布线基础[M]. 北京：人民邮电出版社，2005.

[15] 江云霞. 综合布线实用教程[M]. 北京：国防工业出版社，2003.